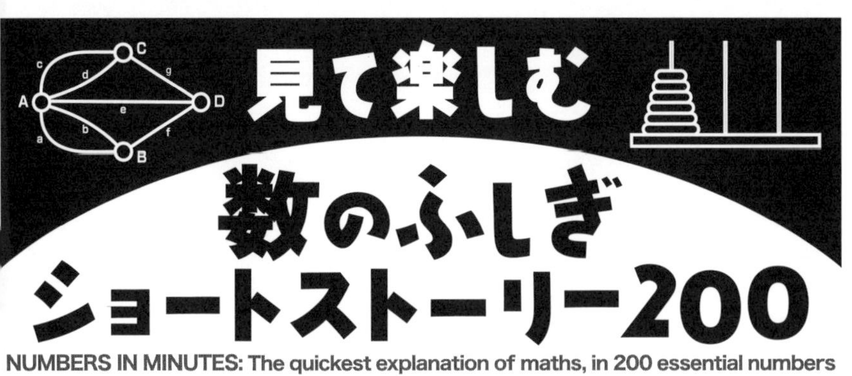

見て楽しむ 数のふしぎ ショートストーリー200

NUMBERS IN MINUTES: The quickest explanation of maths, in 200 essential numbers

ジュリア・コリンズ【著】　宮崎興二【訳】

丸善出版

NUMBERS
IN MINUTES

by

Julia Collins

First published in Great Britain in 2019 by Quercus Editions Ltd

Japanese translation published by arrangement with Quercus Editions Limited through The English Agency (Japan) Ltd.

Japanese language edition published by Maruzen Publishing Co., Ltd., Copyright © 2022.

まえがき

数は，おそらく，私たち人類のもっとも偉大でもっとも古い発明に違いありません．たとえば人類はアルファベットよりまだ前に数を表す記号を使い始めたようです．南アフリカのレボンボで見つかった4万3千年前のレボンボの骨といわれるヒヒの骨には，明らかに人間がわざと付けたと思われる29個の刻み目があって，これは月の周期を記録したものだろうといわれています．紀元前4千年になると，現在のイランあたりに住んでいた古代人は，貿易の拡大を図るため，いろいろな数を工夫しました．

今ではこの数のない世界など考えられません．数は物を数えたり品物の取引をしたりするときの手助けをするだけでなく，コンピュータを動かしたり新しい機械を使ったりするための基礎的な力となり，科学の言葉となっているのです．

このような数にもっとも深くかかわりあうのが数学者です．たいていの人は，数を生活のための便利な道具として使いますが，数学者は，それに加えて数に潜む美しいパターンやおもしろい性質を見つけ出そうとします．また，みなさんが，完全な人，ナルキッソスのような美少年，バンパイアのような怪物，ハッピーな人，実際的な人，虚無的な人などを友人にするように，数学者は完全数，ナルシシスト数，バンパイア数，ハッピー数，実数，虚数などを友人にします．

この本では，そのような純粋に理論的な数や実用一辺倒の数の中から不思議でおもしろいもの200個を選び出し，大きく三つの分野に分けながら小さいものから大きさの順に紹介します．最初の分野は，1から始めて1，2，3と数えることのできる自然数あるいはそれに0を加えた整数に関係するもので，そのうち大きなものは2乗，3乗といった累乗で表されます．たとえば3.2×10^9は小数点を右へ9回ずらした10桁の数3,200,000,000つまり32億を意味します．2番目の分野では自然数の分数で表すことのできる小数や有理数をまとめます．3番目の分野では負の数や，自然数の分数では表すことのできない無理数，2乗すれば負になる虚数，さらには無限大の数を扱います．こうした三つの分野にまたがる数もあって，それについては項目名を工夫して関係分野がわかるようにしました．

いずれにしろ，取り上げる数はおもしろく変化に富んだ数の世界の波乱に満ちた旅を見せます．謎めいた問題がちょっとした工夫で簡単に解けたと思って喜んだ次の瞬間，だれも解いたことのないようなむずかしい数が出てきて頭を悩ますといった具合です．宇宙を作っている原子の数よりはるかに大きい数とか無限大の数が，すぐ身のまわりにあるということもしばしばです．そうしたショートストーリーを拾い読みするにしろ，全巻を隈なく読むにしろ，この旅は驚きに満ちていることでしょう．

原著の表紙。正方形！

注） 文中の ?! n は ?! n 番の項目が参考になるという意味です．また●▲■は巻末にまとめた訳者による注です．文中で唐突に出てくる数学用語については巻末の用語解説をご覧下さい．

目　　次

?! 1　0

だれでもがいつでも使う数には，大きく分けて，1，2，3とどこまでも増えていく正の整数と，−1，−2，−3とどこまでも減っていく負の整数があります．そのあいだをつなぐのが0で，正でもなく負でもない整数とされていますが，そこには何もありません．何もないのに何かあるとはいえず，長い間，数とは考えられませんでした●．

0の呼び方である‘ゼロ’のもとになった言葉はアラビア語では‘空虚’を意味します．実際に記号の0が最初に現れたのは7世紀のインドの文献においてでした▲．また，同じころ中央アメリカで栄えた古代マヤ文明で使われていた20ごとに桁が増えていく数の表し方?! 21にも使われています．このように，0を使うということは，現在ふつうに使われている10ごとに桁が増えていく10進法でも見られるように，0の場所には何も入っていない箱があることを意味します．この箱がないと，9と90と900の区別はむずかしいでしょう．

0が代数学に取り入れられると，‘加法単位元’と呼ばれる数になります．どんな数に0を加えてもその数は変わらないからです．また0以外のどんな数に0を掛けても0になります．つまり0は0以外のあらゆる数の0倍数です．2の0倍数にもなっていますから偶数です■．

0でない数nを0で割るというのは無意味です．もしその答がaだとすると，$n/0=a$ですから$n=a\times 0=0$となって，0でない数nが0になってしまいます

?! 2 1

1は，1，2，3と大きくなっていく正の整数，つまり大昔からだれでもが使ってきた自然数，の最初の数で最初の奇数です．1以外のすべての自然数は1を何度も何度も加えてできます．1はまたどんな数に掛けてもその数を変えることはありません．つまり2以上の数とは違ってすべての自然数は1を掛けるより加えるほうが大きくなります．また1は何乗しても1です．そのようなことがあるため1は‘乗法単位元’と呼ばれます●.

自然数は，1と自分自身の2個だけを約数とする素数と，3個以上の約数を持つ合成数に分けられます．そのうち合成数は2個以上の約数としての素数の一通りの掛け算で表されます．ただし，1個の約数しか持たない1は自然数の中でただ一つ素数でも合成数でもありません．1を素数とすると合成数は何通りにも素数の掛け算で表されてしまいます．

同じ数字を並べて素数を作ることができるのは1だけです．たとえば11は素数ですし1を19個並べた1,111,111,111,111,111,111も素数です．これまでに知られている最大の例は270,343個の1を並べるものですが，無限ともいえるほど大きなものもあるだろうと予想されています．

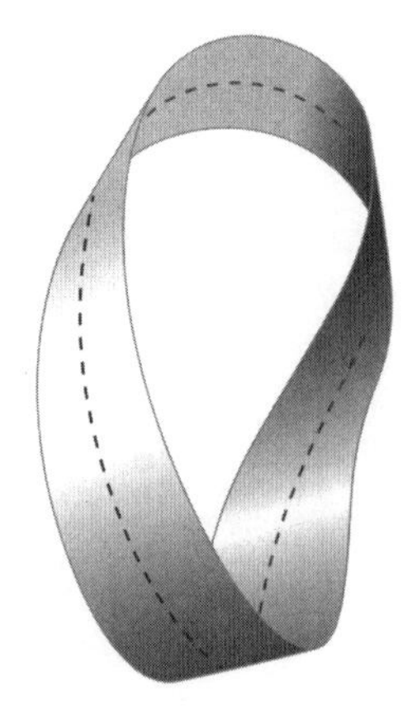

細長い紙の帯を1回ひねって輪にした曲面をメビウスの帯といいます．ひねらずに輪にすると表側と裏側の面が別べつになった円柱ができますが，その円柱とは違って，表と裏の面はつながっていて1面しかありません．縁も1本につながっています．その帯を図の点線で示す中心線に沿って切ると，直径が2倍の二重にねじれた一つの輪になり，円柱と同じように表と裏の面が分かれ縁も2本に分かれます

?! 3 2

2は最小の正の偶数です．しかも最初の素数であるうえ素数の中でたった一つの偶数です．といってもたった一つというのですから奇数風ともいえます●．

英語は‘two’で，アルファベットで書いた素数の名の中でただ一つ‘e’が入っていません▲．

ふつう0から9までの10個の数を使う私たちは，10の倍数で桁が上がる10進法で計算しますが，0と1の2個の数しか使わないコンピュータは2の倍数で桁が上がる2進法で動きます．つまり10進法の1は2進法でも1ですが，2進法で1に1を加えると2ではなく10となります．昔の1+1=2は今のコンピュータ時代では1+1=10のようです．2進法は慣れないとわかりにくいですがコンピュータにとっては逆に簡単です．0と1は電気のスイッチのオフとオンで決まるからです．

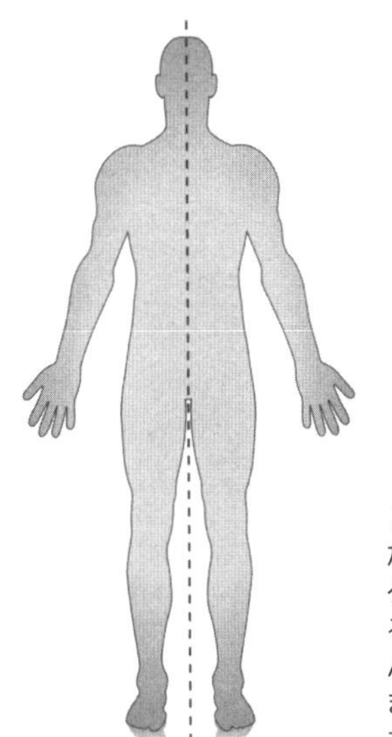

2は雌雄・男女に分かれる動物にとっても大切です．たとえば生命の源になるDNAの分子構造は，2本のクサリ状につながった分子がたがいのまわりをまわる二重らせんを見せます．しかも人類を含めたほとんどの動物はこのDNAで作られて左右対称性を見せます．たとえば直立した人間を真正面から見れば，左と右は鏡に映ったようなかたちになっています■

?! 4 3

3は1+2で，すべての自然数の中でただ一つ，自分より前の数を全部加えた数になっています．また最初の奇数の素数で，最初のフェルマー素数?! 109 $2^{2^0}+1$ で，最初のメルセンヌ素数?! 86 2^2-1 でもあります．ある数を作っている各桁の数の和が3で割り切ることができると元の数も3で割り切ることができます．たとえば528の場合，5+2+8=15で，15は3で割り切れますから，3で割り切れます．

3に関係するかたちの中でもっとも親しまれているのは3角形に違いありません．もっとも基本的な平面図形で，3角形以上のn角形は(n−2)個の3角形に分割することができます●．

1から始まって $n(n+1)/2$ までの自然数をすべて加えた数を3角数といいます．3角形状に積むことができるからです．3角形の頂点自身，1+2ですから3角数です▲．

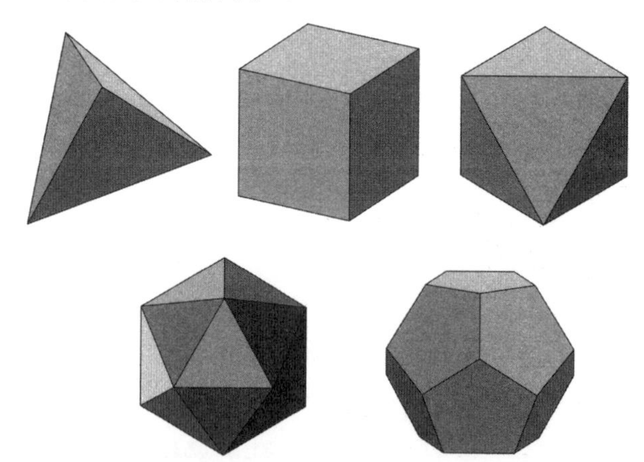

3次元の立体との関係でいえば，五つの正多面体つまりプラトンの立体のうち三つまでは正3角形ばかりを側面としています■．正多面体は1種類だけの正多角形をどの頂点まわりにも同じ数ずつ集めたかたちをしています．全部で図の5種類があります．上段は，左から，正3角形でできる正4面体，正方形でできる立方体(正6面体)，正3角形でできる正8面体，下段左は正3角形でできる正20面体，右は正5角形でできる正12面体です

?! 5　4

4は2+2であり2×2でもあって，同じ2個の自然数を足しても掛けてもできるただ一つの自然数です．最初の合成数であり，最初の平方数でもあります．またあらゆる自然数は1^2も含めた4個の平方数の和となっています．たとえば$34=5^2+2^2+2^2+1^2$です●．

4の英語のfourの文字数4は，すべての自然数の中でたった一つ，自分が意味する数と同じです．また4という文字はもともと十のように1点に4本の線が集まることを意味していました．つまり平面上の直交2直線である直交座標軸を描いて平面を四つの無限に広がる部分に分けることを意味していたのです．それはとりもなおさず平面上の基本的な4方向である東西南北を示すことにもつながります．

3次元空間には，4枚の3角形でできる4面体があります．もっとも単純な多面体で，4枚の3角形と4個の頂点で作られています．

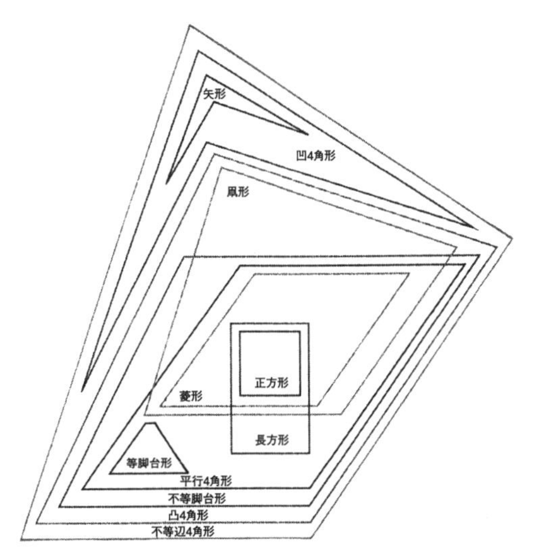

4角形の仲間．
平面上には図に示すようなさまざまな4角形があります．そのうち長さの等しい直線同士が直交しているものがよく知られた正方形です

?! 6　5

5は3に次いで $2^{2^1}+1$ となった2番目のフェルマー素数です．また，たった一つの二重になった双子素数です．双子素数というのは2だけ離れた2個の素数のペアで，5の場合は隣の素数3ならびに7とは2ずつ離れています●．さらに素数の11とは6だけ離れていて，6（six）のラテン語のセックス（sex）にちなんで最初のセクシー素数といわれています．

人間は片手に5本の指を持っているため，5は物を数えるときの基礎になります．

5本の辺を持つ多角形が5角形です．5角形は多角形の中でただ一つ，辺の数と対角線の数が等しいです．辺の長さがすべて等しく，内角もすべて等しい5角形が正5角形です．12枚の正5角形は，5種類のプラトンの立体の中の正12面体を作ります．

紙の上に5個の点を打ち，そのうち2個ずつをすべて直線あるいは曲線で結んでみてください．そうすると，どんなにうまく結んでも，少なくとも2本の線が交差します．つまり，数学の世界のグラフ理論では，どうしても2本が交差する最小のグラフとなります．

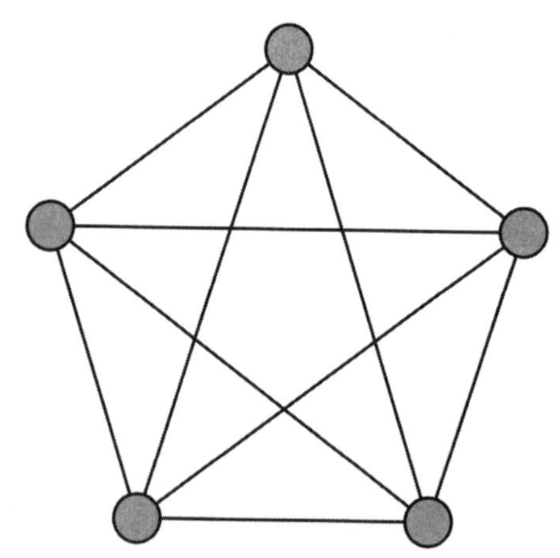

5個の頂点を持つこのグラフでは線のうち何本かは必ず交差するため，数学上は‘平面的でない’グラフといわれています

?! 7 6

4に次いで2番目に小さい合成数である6は1×2×3となっています．また1+2+3ですから3角数にもなります．6を割り切る数は6自身を除くと，1，2，3で，加えると6になります．このように自分自身を除くすべての約数の合計が自分自身と同じになる数を完全数といいます．6は最小の完全数で，2番目は28です●．

図に示すのはイタリアのボロメオ家の紋章に使われていたといわれるボロミアンリングです．三つの輪が六か所で交差しながら絡まって動かないように見える‘だまし絵’になっています．こういう輪を，輪の数を増やしたものを含めて合わせてブルンニアンリンクともいい，輪のうちどれか一つを取り除くと全体はだまし絵でなくなって自由に動き出すことで知られています▲．

同じ直径の円盤を，平面上で1枚のまわりに6枚がたがいに接するように並べる問題もあります．その場合，3枚ずつがたがいに接し合って，動かなくなります．それに対して1枚のまわりに7枚以上並べたのでは中央の1枚が自由に動いてしまいます．かといって5枚以下では中央の1枚に覆いかぶさってしまいます■．動きもせず重なりもしないのは6枚の場合だけです．このような性質に従って2次元の平面のキス数は6といわれます．このキス数で円を並べるのが最密円配置です．

ボロミアンリング．だまし絵ですから実際の模型を作ることはできません

?! 8　7

7は2^3-1となったメルセンヌ素数で，ただ一つ自然数の3乗より1だけ小さくなっています●.

ふつうの6面のサイコロを見ると，向かい合った面の数の合計は7になっています．確率計算によると，2個のサイコロを同時に投げて目の数を合計した場合，6+1，5+2，4+3，3+4，2+5，1+6となる7が一番出やすいことで知られています.

1736年，スイスの数学者オイラーは，ケーニヒスベルグのプレーゲル川に架かる七つの橋の問題について答を出しました．町の住人が知りたがっていた，一度の散歩で，すべての橋を一度だけ渡って帰ることはできるだろうか，という問題を解いたのです．答は，できない，ということでしたが，その答を出すためにオイラーは点と線だけからできる道路地図を考えました．この地図は，数学の重要な分野であるグラフ理論の基礎となって，情報科学を含む多方面の科学を支えています.

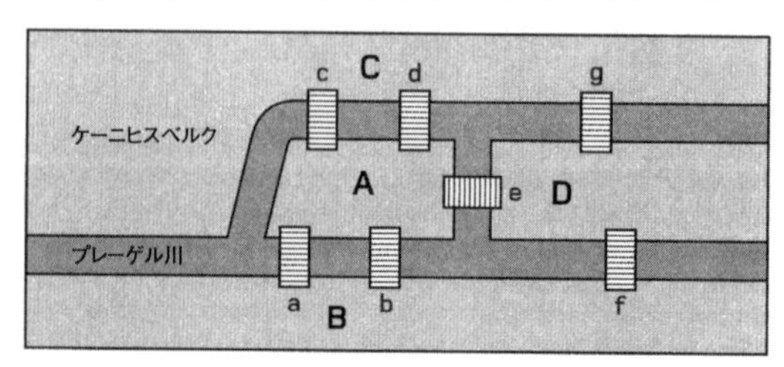

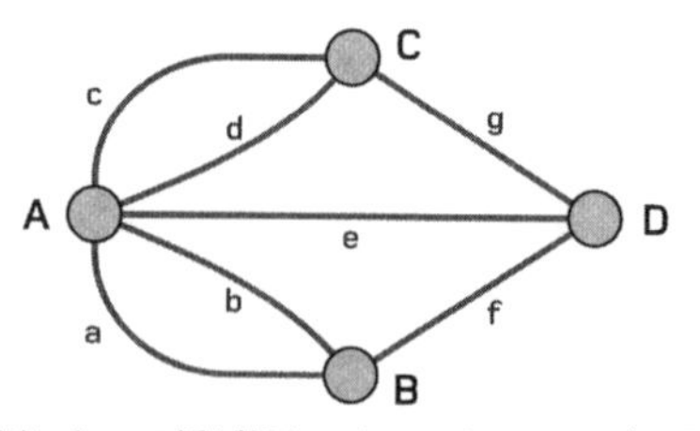

プレーゲル川に七つの橋が架かるケーニヒスベルグの町の平面図（上）とオイラーが描いたその町の道路地図網（下）

?! 9　8

8は2×2×2あるいは2^3で，1を除くと最初の立方数つまり自然数の3乗となっています.

立体との関係上は，1辺の長さが2の立方体の体積を見せます.

一方，立方体も加わっている正多面体の中の正8面体を見れば，合わせて8枚の正3角形が，6個ある頂点のそれぞれのまわりに4枚ずつ集まっています．その場合の辺を挟んで隣同士の正3角形の中心を稜線で結ぶと，8個の頂点と6枚の正方形でできる立方体が現れます．逆に，立方体の隣同士の正方形の中心を稜線で結ぶと，6個の頂点と8枚の正3角形でできる正8面体が現れます．このような正8面体と立方体の関係をたがいに双対といいます.

そのほか，8は黄金比に関係するフィボナッチ数?! 22の中の，ただ一つの立方数であり，素数より一つ多い最後の数でもあります.

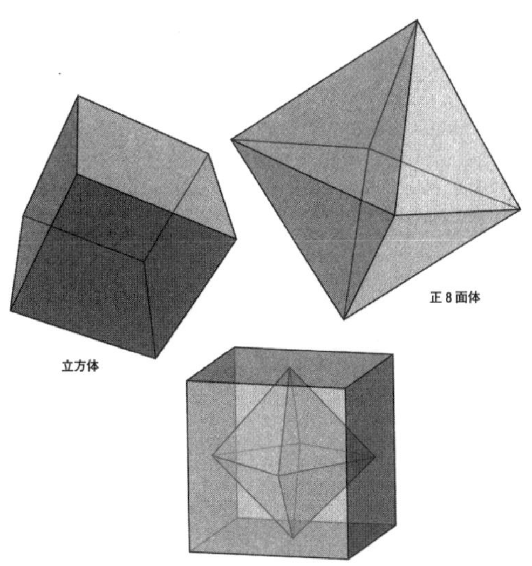

双対性.
1種類だけの正多角形を側面とする正多面体において，2個ずつはそれぞれ双対になっています．つまり一つの正多面体について，辺を挟んで隣り合わせになっている正多角形の中心を稜線で結ぶと，それに双対な正多面体が得られます．立方体と正8面体，正12面体と正20面体はそれぞれ互いに双対，正4面体は自分自身に双対です

?! 10 9

一番基本的な0から9までの10個の数の中で最後の9は3×3となった平方数つまり自然数の2乗です．したがって合成数ですが，合成数の中では最初の奇数です．また，$9=3^2=2^3+1$で，9は平方数でありながら，すべての整数の中でただ一つ，ある自然数の整数乗に1を加えたかたちを見せます．このことについては，1844年にユージン・カタランが予想し2002年にプレダ・ミハイレスクが証明しました．

9の倍数になった一つの数があるとすると，その数を作る個々の数字の合計はまた9の倍数になります．たとえば27は$2+7=9$ですから9の倍数です．もしこの合計数があまりに大きすぎて9の倍数かどうかすぐにはわからないなら，その合計数の各桁の数字を加えると，また9の倍数になります．たとえば9の倍数の8757を見ると，$8+7+5+7=27$，$2+7=9$でいずれも9の倍数です．

九九掛け算表の9の段は，覚えなくても両手の指で計算できます．たとえば図で左から右にかけての10本の指を1から10までと思ってください．そこで，$n\times 9$を知りたいなら，左からn番目の指を折り曲げると，その折り曲げた指の左に2桁目の数，右に1桁目の数が出ます．

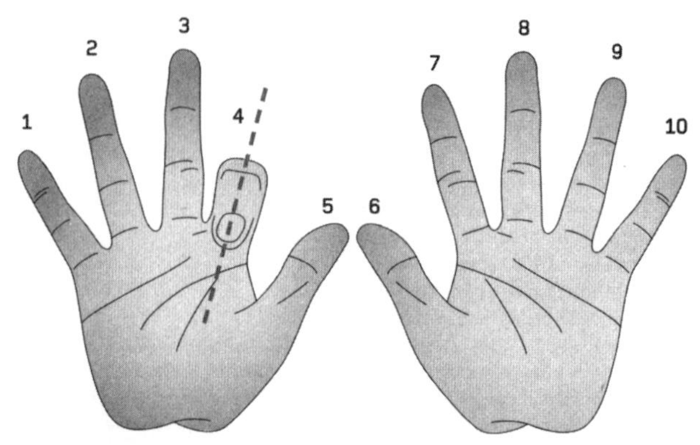

指による$4\times 9=36$の計算．左から4番目の指を折ると，折っていない指は，その左に3本，右に6本あります

?! 11　10

10 は，いうまでもなく，昔から世界中の数の計算で使われてきた 10 進法の基礎です．10 進法では，0，1，2，3，4，5，6，7，8，9 という 10 種類のアラビア数字を，すぐ右の数の 10 倍ごとに並べます．たとえば，492.45 は $(4\times100)+(9\times10)+(2\times1)+(4\times1/10)+(5\times1/100)$ となります．

世界中のほとんどの国では，昔から何の連絡も取り合わずにこの 10 進法を使ってきました．たぶん，人間の両手には 10 本の指があるからでしょう．

その場合，アラビア数字の 1，2，3，5，10，50，100，500，1000 は，ローマ数字ではⅠ，Ⅱ，Ⅲ，Ｖ，Ｘ，Ｌ，Ｃ，Ｄ，Ｍで表されますが，このローマ数字よりアラビア数字の方が便利です．というのは，アラビア数字は足し算，引き算，掛け算，割り算に自由に使えるのに，ローマ数字は足し算や引き算には不自由しませんが掛け算や割り算には使いにくいのです．たとえばアラビア数字の $5+10=15$ はローマ数字では $\mathrm{V}+\mathrm{X}=\mathrm{XV}$ となって問題ありませんが，アラビア数字の $5\times10=50$ はローマ数字では $\mathrm{V}\times\mathrm{X}=\mathrm{L}$ となってすっきりしません．

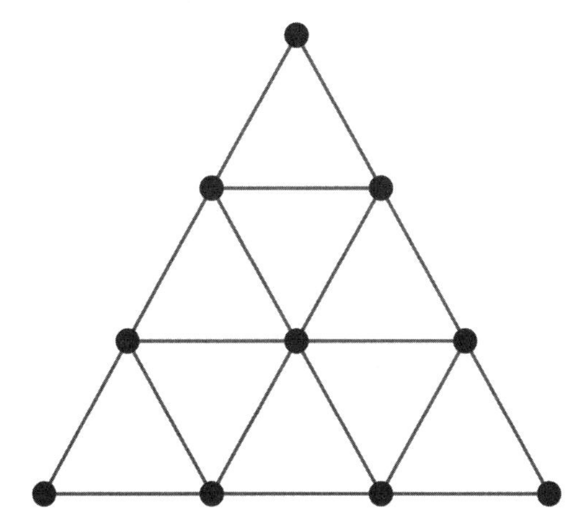

10 は 1+2+3+4 ですから 3 角数です．それに従って並べた図のような 10 個の円の正 3 角形状の配列を，古代ギリシャのピタゴラス学派はテトラクティスといってきました●

?! 12 11

11 は素数で，自然数では最初の反復数となります．つまり 99 や 999 のように同じ数字が繰り返して使われている数です．

ある数が 11 で割り切ることができるなら，その数を作っている個々の数字について，先頭のものから 2 番目を引き，3 番目を加え，4 番目を引き，5 番目を加えるといった計算をした結果も 11 で割り切れます．たとえば 8162 は，$8-1+6-2=11$ ですから 11 で割り切れます． 2 桁の数字に 11 を掛けるには，その 2 桁の数字を作る二つの数のあいだに，その二つの数の和を挟めば答になります．たとえば $34\times11=3(3+4)4=374$ です．二つの数字の和が 2 桁になるときは，そのうち左の数を先頭の数に加えます．たとえば $39\times11=3(3+9)9=3(12)9=(3+1)(2)9=429$ です．

多くの国の言葉を見ると，11 は，二つの数を合わせて呼ばれる最初の数になっています．たとえばハンガリー語のティゼネジーは‘10 の上の 1’，英語のイレブンやドイツ語のエルフは古ゲルマン語のアインアリフの影響を受けて‘10 の次の 1’の意味を持ちます．

スポーツマンの数．11 はしばしばスポーツチームの選手の数になっています．クリケット，サッカー，アメリカンフットボール，フィールドホッケーなどすべて 11 人のチーム同士で戦います

?! 13　12

12 は 2×2×3 ですから素数の 2 と 3 の積でできる合成数です．12 まででは最大個数の 1，2，3，4，6，12 の 6 個の約数を持ちます．約数が多いため，10 ごとに桁が上がる 10 進法より 12 ごとに桁が上がる 12 進法の方が便利なことがよくあります●．したがって，1 フィートは 12 インチ，1 シリングは 12 ペンスなどというように 12 進法はよく使われてきました．時間を見ても，1 日は 12 時間を 2 回繰り返しますし，1 年は 12 か月になっています．

立体図形を見ると，12 は正多面体にもよく見られます．立方体と正 8 面体の辺の数は 12 本，正 12 面体の側面数は 12 枚，正 20 面体の頂点数は 12 個です▲．また同じ大きさの球は，中央に一つ置けばそのまわりにちょうど 12 個の球がたがいに 4 点ずつで接しながら並びます．この配列が球の最密配置になることについては 1953 年まで証明されませんでした．それまでは，ひょっとすると一つのまわりに 13 個が並ぶのではないかと疑われたのです■．

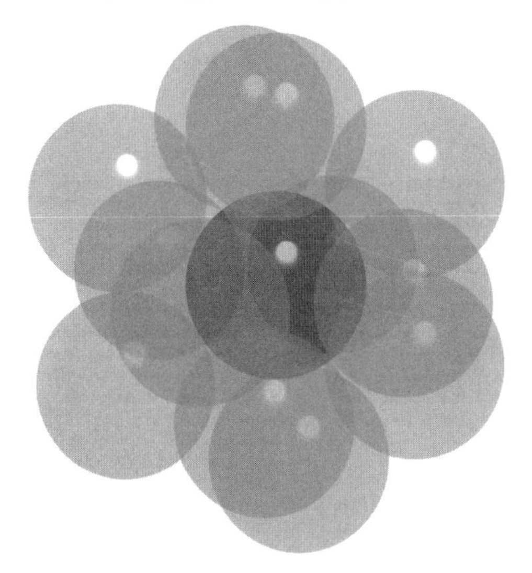

最密球配置．中央に置いた 1 個の球のまわりにそれと同じ大きさの球をたがいに接するように 12 個並べることができます．そのため，3 次元のキス数は 12 といわれます

?! 14　13

十三恐怖症といって，いろいろな文化圏で 13 という数を恐れる迷信が広まっています．ただし幸せを意味することもあるようです●．

13 は素数ですが，左右逆にした 31 もやっぱり素数です．このような素数をエマープ（emirp．逆にすると prime）あるいは対素数といいますが，その中で 13 は最小です．

多面体の世界では 13 種類のアルキメデスの立体とそのそれぞれに双対な 13 種類のカタランの立体が知られています▲．アルキメデスの立体は 2 種類以上の正多角形が各頂点まわりに同じように集まる多面体です．いずれもプラトンの立体つまり正多面体の変形から生まれるため半正多面体ともいわれます．そのうち特別な例が，たがいに双対な立方体と正 8 面体のあいだに生まれる立方 8 面体と，正 12 面体と正 20 面体のあいだに生まれる 12・20 面体です．この二つはどの稜線まわりの様子も同じという正多面体に近いかたちになっているので，とくに準正多面体ということがあります．

アルキメデスの立体に双対な多面体がカタランの立体です．側面は 1 種類だけの 3 角形か 4 角形か 5 角形となっていますが正多角形ではありません．その特別な例が，右下の図に示す菱形を側面とする菱形 30 面体です．これは左上の図に示すアルキメデスの立体の中の 12・20 の面体の双対になっています

?! 15 14

図に示すのは，答が偶然同じ 14 になる二つの数学パズルです．上半分は，6 角形をたがいに交差しない対角線で 4 枚の 3 角形に分割するパズル，下半分は，4×4 の格子を作る道があるとして，点線の対角線を超えずに左下から右上方向へ行く道筋を捜すパズルです．

一般的にいうと $(n+2)$ 角形を交差しない対角線で n 個の 3 角形に分割する方法の数と，$n \times n$ の格子の中で対角線を超えずに対角線の端から端までを格子線に沿って行く道の数は同じです．この数をアルキメデスの立体の双対を見つけたカタランにちなんでカタラン数といいます．2n 個から順番は考えず n 個を取り出すすべての組合わせの数のことで，n の階乗（1 から n までの自然数の積）を $n!$ で表すとすると，$(2n)!/\{(n!)(n!)(n+1)\}$ となります．0 から 5 までの n でいうと，1，1，2，5，14，42 で，14 は $n=4$ のときのカタラン数です．

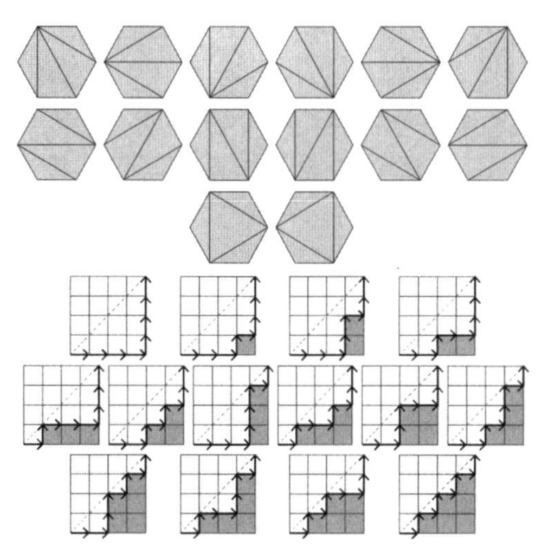

上半分は 1 枚の 6 角形を，交差しない対角線 3 本で 3 角形に分割する 14 の方法．下半分は点線の対角線を超えないように 4×4 の格子線に沿って左下から右上へ行く 14 の道

?! 16 15

15は1+2+3+4+5となった3角数です．また3と5という2個の素数の積になっていますが，このような素数を半素数といいます．とくに15の場合は逆にした51も3と17という2個の素数の積になっていて，もっとも小さい逆半素数ともいわれます．

1から9までの数を，3×3の合計9個のマス目に一つずつうまく入れると，縦横斜めのどの方向に加えても15にすることができます．このような数の配列を魔方陣の中の三方陣といいます．nが3を超えるn×nのマス目を使うn方陣も考えられていますが，並び方が1種類しかないのは三方陣だけで，それを紀元前10世紀ぐらいの大昔，中国人がすでに見つけていました●．

正5角形では平面を隙間なく埋め尽くすことはできません．内角が108°で，これでは360°を割り切ることができないからです．ところが，歪んだ5角形を使ってもよいのなら，1種類の5角形を回転させたり鏡映させたりしながら平行移動させて平面を埋め尽くすことができます．長い間，その方法には14種類あると考えられていましたが，2015年に15番目の方法が見つかりました▲．

2017年，マイケル・ラオは5角形による平面埋め尽くし図形には15種類ある，という証明を発表しました．それが正しいかどうかは今調べられています

?! 17 16

1を除くと，16は最小の4乗数で 2^4 ですが，4^2 にもなっています．このようにaとbを違った数とするとき，a^b であり b^a でもある数は16だけです．

この16に関係する4次元立方体をテッセラクトと呼びます．3次元立方体が辺で合わせられた6枚の正方形で作られているのと同じように，テッセラクトは側面で合わせられた8個の3次元立方体で作られています．4次元の正多面体つまり正多胞体?! 77の一つで，4次元空間の中で16個の頂点を持っています．各頂点の座標は1稜が2の場合，図のように1と −1の4個ずつのすべての順序の違いも含めた組合わせ（順列組合わせ）となっています．1辺が2の2次元正方形の4個の頂点の座標が2個ずつ，1稜が2の3次元立方体の8個の頂点の座標が同じく3個ずつの1と −1のすべての順序の違いも含めた組合わせとなっているのと同じことです●．

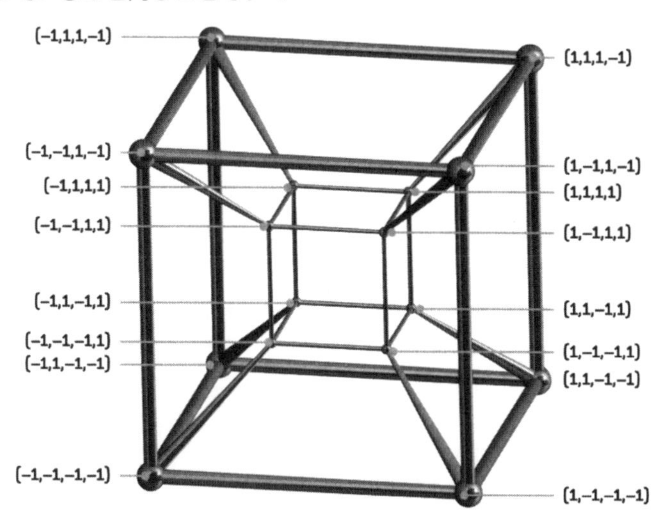

4次元立方体つまりテッセラクトの3次元空間への立体になった透視図．頂点の座標は左右，前後，上下，内外の4方向に向いた4本の座標軸に従って決められています

?! 18　17

2^3+3^2 となる 17 は，2 個の素数を p，q とするとき，p^q+q^p となるただ一つの素数です．また 17=2+3+5+7 で，連続する 4 個の素数の和となるただ一つの素数でもあります．また 19 と並ぶ双子素数です．さらに $2^{2^n}+1$ において n=2 となったフェルマー素数となっています．フェルマー素数は，n が 0 から 4 までの 3，5，17，257，65537 の五つだけが知られています．n が 5 のときの 4294967297 は 641×6700417 となった合成数であることをオイラーが見つけました．

平面上ではその平面を埋め尽くす繰り返し模様つまり周期的模様が考えられて壁紙模様といわれています．これは，単位図形をどのように平行移動，鏡映，回転させているかに従って 17 種類に分類されそれぞれに決まった記号が与えられています．そのうち，'p31m' という記号で表される模様の例を図に示します．1 点のまわりで 120° ずつ回転する単位図形が鏡映されながら平行移動しています●．数学者は同じ壁紙模様に属する模様は，図柄がどんなに違っていても，どんなに美しくても見苦しくても，同じと見るのです．

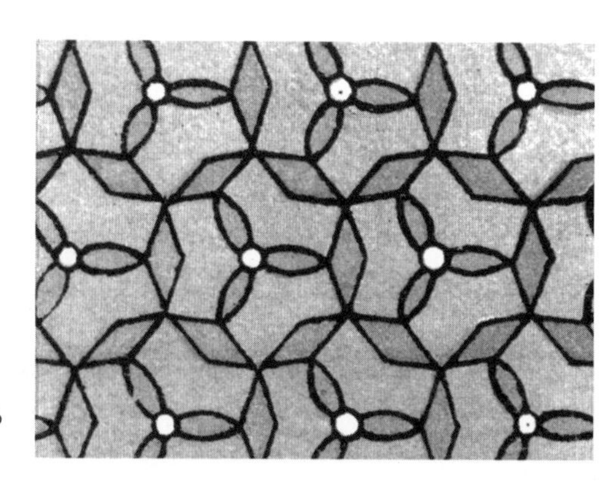

'p31m' の対称性を見せるペルシャの釉薬タイル

?! 19　18

18 は 2×3×3 となった合成数で，約数の全部でなく一部である 3，6，9 の和となっているため半完全数ともいわれます．13 や 37 のように左右逆にしても素数となるエマープを，左右逆にした数から引くと答はいつも 18 の倍数となります．たとえば 31－13＝18 です．

娯楽数学の世界で知られたペントミノは 1965 年にソロモン・ゴロムが発明したもので，2 個の正方形をつないだドミノの 2 を意味する‘ド’のかわりに 5 を意味する‘ペント’を付けた名前になっています．5 枚の正方形の連結図形のことで，鏡像になっているものも含めて全部で図のような 18 種類のかたちがあります．それぞれは 1 種類だけで平面を埋め尽くしますが，鏡像になっている 6 種類を除いた 12 種類は 6×10，5×12，4×15，3×20 の大きさの長方形を作るように組合わせることができます．ではそれぞれの長方形を作るにはどんな組合わせがあるでしょうか．その答がパズルの世界で評判になっています●．

このペントミノをヒントにして考えられたのがテトリスというコンピュータゲームです．ペントミノはむずかしいので 4 つまり‘テトロ’枚の正方形をつないだテトロミノが使われています．

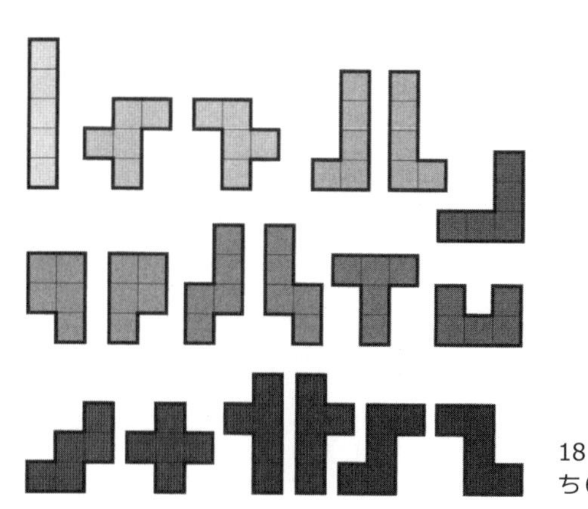

18 種類のペントミノ．そのうち 6 種類は鏡像

?! 20

19

この素数はいくつかのおもしろい性質を持っています．たとえば，3^3-2^3 となっていて，3乗された二つの素数の差となるただ一つの数です．また 19 という数字を紙に書いて 180° 回転させると 61 となってやはり素数になりますが，そんな数の中で最小です．19 をローマ数字で書くと XIX になりますが，これは前から見てもうしろからみても同じになる文字列を見せていて，そんな数の中では最大です．19 を 19 乗して 19^{19} を計算すると，0 から 9 までのすべての数を含むパンディジタル数となりますが，そんな数の中では最小です●．

19 は暦の世界でも大切な意味を持っています．たとえば月の周期の一つと考えられているメトン周期は，太陽が 19 年間回転するあいだ月はほぼ 235 か月間回転するという原則で決められます．そのため 1 年間を 12 回の月の満ち欠けで表す太陰暦を使っていたバビロニア人やヘブライ人は，太陽暦と合わすために，太陽暦 19 年の間に 7 回の 13 か月の年を決めていました．この周期は今でも復活祭の日を決めるために使われています．暦に関係するかもしれない 19 が見られるもう一つの例に，イシャンゴの骨があります．細長い動物の骨の側面の三か所にいろいろな本数の線状の切れ目が付けられていて，その中に 19 本が 2 度見られるのです．

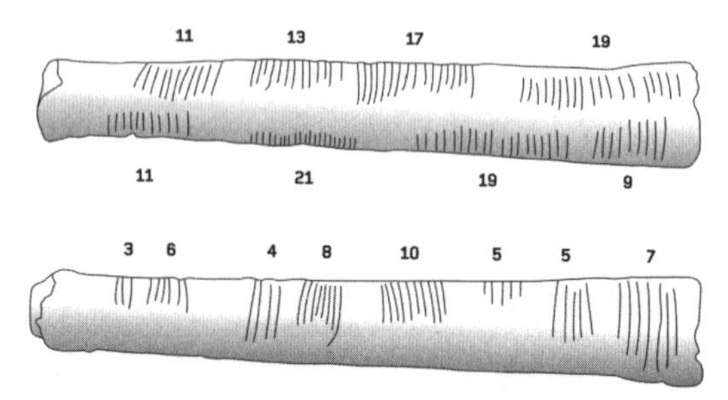

イシャンゴの骨．ウガンダとコンゴ民主共和国を分ける国境で発見されたもので，2 万年ほど前の史上最古の数学的な遺物ともいわれています．用途については，素数表か，計算表か，暦か，あるいはただの割れ目なのか，意見が分かれています

?! 21　20

20 は 2×2×5 になった合成数です．古い英語から生まれたスコアという言葉はこの 20 から生まれたもので，今でも 20 個の集まりや 20 得点を意味することがあります． 4 スコアは 80 点， 8 スコアは 160 点です．

かたちの世界では，正多面体の中の正 20 面体は 20 枚の側面を持ち，その双対の正 12 面体は 20 個の頂点を持ちます．

数字でみると，20 進法では 20 ごとに桁が上がります．そのため 0 から 19 までの 20 個の数字を使います．そのうち 3 個を a，b，c として，abc と書く場合，b は c より 20 倍大きな数，a は b より 20 倍大きな数ということになります．

この 20 進法は，おそらくは手と足の指の数をひとくくりにして数える 20 を基として世界中に広がりました．今でもブータンやインドやアフリカで使われているほか，イギリスの周辺国や現代のフランスでも見られます．フランス語では 80 のことを '20 の 4 倍' といいます．中でも有名なのは，中南米の古代マヤ人やアステカ人が 20 進法を使っていたということでしょう．

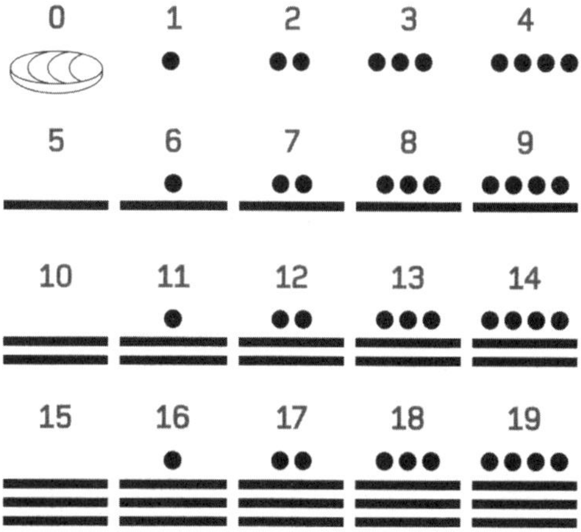

マヤ人が 20 進法で使った
0 から 19 までの数字

?! 22　21

1, 1, 2, 3, 5, 8, 13, と続く数列の次の数は何かおわかりですか．この数列はフィボナッチ数列と呼ばれていて，続く二つの数を加えたものを次の数とします．したがって答は 8+13 の 21 です．このようにフィボナッチ数列を作る数をフィボナッチ数といいます．その中で 21 は特別に変わっています．フィボナッチ数であるのと同時に，21 を作る 2 と 1，並びにそれを加えた 3 もフィボナッチ数なのです．

フィボナッチ数列は紀元前 200 年ごろインドで知られていたようで，それを 13 世紀になってフィボナッチとも呼ばれたピサのレオナルドがヨーロッパで紹介しました．フィボナッチは 1202 年に出した『計算盤の書』の中で，一対の子ウサギがいるとして，一か月後に成長して夫婦になったあと，やはり一か月後に一対の子ウサギを生むとすると，ウサギの夫婦の数はどのように増えるか調べています．ただしウサギは死なないとします．そうするとフィボナッチ数列に従って増えていきます．

このようなフィボナッチ数列は黄金比に関係するとともに，植物に見られるらせん構造やヒマワリの種の配列を決めたりします●．

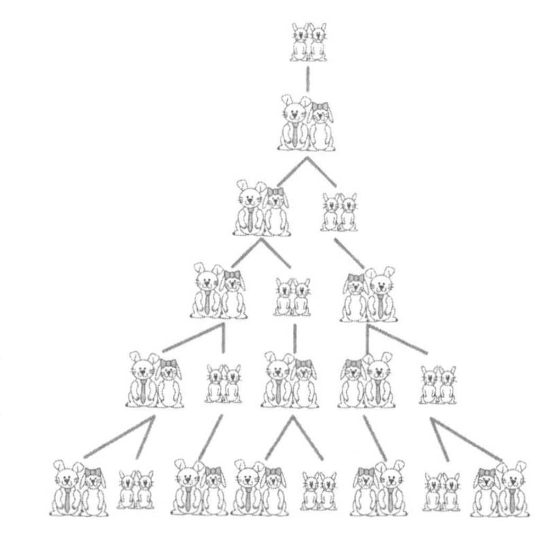

フィボナッチによるウサギの夫婦の増え方．絶対に死なない一対の子ウサギは，一か月に結婚しさらに一か月後に一対の子ウサギを生みます

?! 23　22

図の１番上にも見られるように，８個の正方形が一つながりになったチョコレートの板があります．それを正方形の部分は傷つけないようにしながら，バラバラにしたいのですが，どんな割り方があるでしょうか．たとえばちょうど半分ずつの 4+4 にしたり，三つだけバラバラにして 5+1+1+1 にしたりすることができますが，それだけでしょうか．5+1+1+1 と 1+1+5+1 などは同じと考えてすべての割り方を見つけてください．このように一つの自然数を小さな自然数に分けることを‘間仕切る’といいます．ここでの問題の場合は８を間仕切ることを意味して，答は 22 通りとなります．

間仕切る問題は，数学や科学における多くの分野で重要です．それなのに，この単純な問題を，完全に解決する基本的な公式はまだ知られていません．

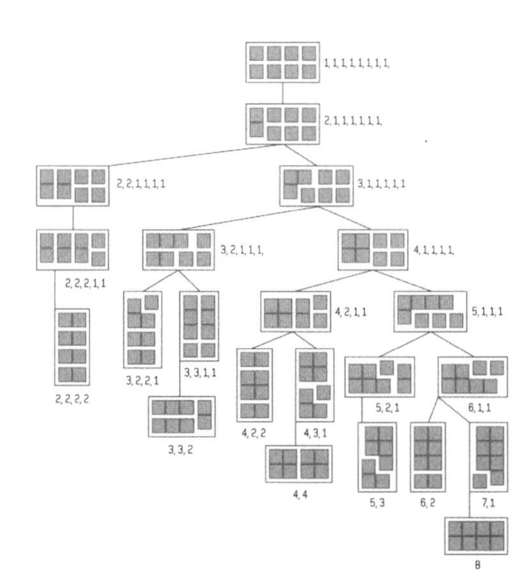

８個の正方形をいろいろな個数の正方形の集まりに割る 22 の異なる方法

?! 24　23

　ある教室には同じ年に生まれた 30 人の生徒がいて，そのうち二人の誕生日は同じです．うるう年を除くと 1 年間に 365 日もあるのですから，これは大変な偶然の一致のように思えます．ところが実をいうとこのようなことが起こる確率（割合い）は 70%です．それなら 50%以上の確率で同じ誕生日の生徒がいる場合の最低の人数は何人でしょうか．確率の計算によると 23 人です．これを誕生日のパラドックスといいます．

　今，一人ずつ教室に入ってくるとすると，まず二人入ったとき，二人が同じ誕生日にならない確率は 364/365 です．3 人目が入ってきたときは，先の二人と同じ誕生日にならない確率は (364/365) × (363/365) です．同じように計算して 23 人目が入ってきたとき，誰とも同じ誕生日にならない確率は (364/365) × (363/365) ×…× (343/365) です．計算すると約 49%となります．ということは 23 人が入った時点で同じ誕生日になる人がいる確率は 51%となります．

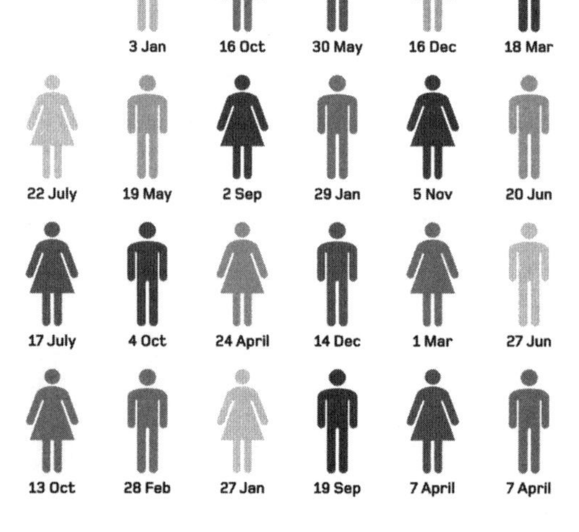

誕生日のパラドックス．一つの部屋の中に 23 人いれば，50%以上の確率で二人は同じ誕生日になります．図では 4 月 7 日生まれの人が二人います．1 年は 365 日ですから 182 人を超えれば同じ誕生日の人が確かにいますが，実際にはずっと少ない人数で超えるのです！

?! 25 24

1からnまでのすべての自然数を掛け合わせた数を n! と書いてnの階乗といいます．たとえば4の階乗は $4!=1\times2\times3\times4=24$ です．階乗は数学の世界では，いろいろな要素を置き換えたり順番を考えながら組合わせたりする方法を調べる順列組合わせの分野で重要です．

たとえば4の階乗の 24 は，図の4頭のヒツジ A，B，C，D の並べ方をすべてあげる数です．

24 は素数とも深く関係しています．いま，3を超える2個の素数を考え，それぞれを2乗すると，その差はいつも 24 の倍数となります．たとえば $7^2=49$ と $13^2=169$ の差は $169-49=120=24\times5$ です．また同じく3を超える素数を2乗してそれから1を引くと答はやはりいつも 24 の倍数となります．たとえば $19^2-1=360=24\times15$ です●.

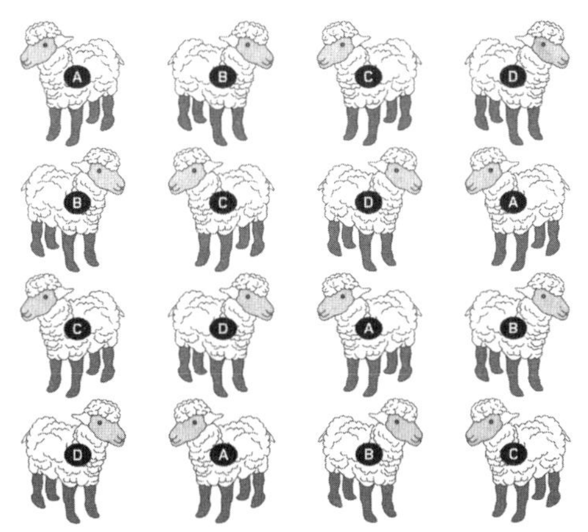

4頭のヒツジの順列組合わせ．まず横方向に (A, B, C, D) を置き，それぞれのあとに A，B，C，D のうち一つずつをうしろ送りにした (B，C，D，A)，(C，D，A，B)，(D，A，B，C) を並べれば4通りの並べ方が得られます．ところが (A，B，C，D) に代えて，(A，B，D，C)，(A，C，B，D)，(A，C，D，B)，(A，D，B，C)，(A，D，C，B) の5通りの合わせて6通りの並べ方があり，それぞれについて4通りずつの並べ方があって合計 $6\times4=24=4!$ 通りとなります．そのうち図には4例だけを示します

?! 26　25

一つの直角3角形があるとして，その直角を挟む2辺の長さをaとb，直角と向かい合っている斜辺の長さをcとすると，ピタゴラスの定理 $c^2=a^2+b^2$ が成り立ちます．この3辺の長さのうちもっとも有名なのは3，4，5で，この場合は25＝9＋16となります．25は0でない二つの平方数の和の中の最小の平方数なので，この3，4，5を3辺とする3角形は直角3角形の中で最小の自然数の辺長を持つことになります．

ピタゴラスの定理の逆もまた正しいです．つまり，もし $c^2=a^2+b^2$ が成立する三つの数a，b，cが見つかれば，それはcを斜辺の長さとする直角3角形の3辺の長さとなっています．

歴史家は，古代エジプト人が，この性質を使って正確な直角を出したのではないかと考えています．たとえば，25＝9＋16ということを知って，その三つの数字の間隔でロープに結び目をつけ，その結び目を頂点とする3：4：5の直角3角形を作って，正確に直角を出したというのです．

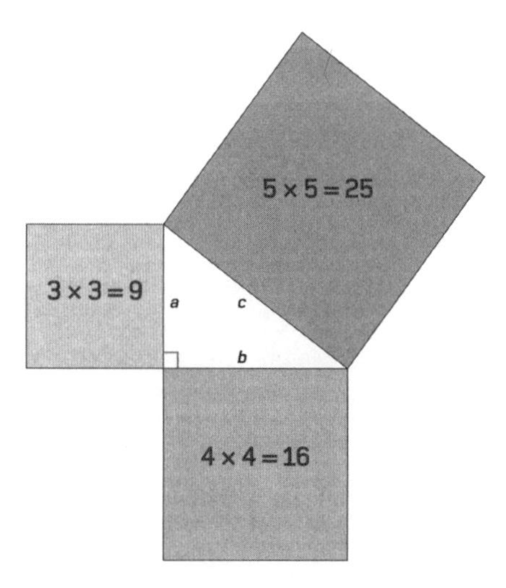

ピタゴラスの定理 $c^2=a^2+b^2$ の正方形による証明●

?! 27 26

26 は平方数より一つ多く，立方数より一つ少ない数です．つまり 26 $=5^2+1=3^3-1$ です．このような数はこれ一つしかありません．

1万ページを超す“有限単純群の分類”という数学上の論文によると，26 は数学者がいう散在型有限単純群という群の数です．

群というのは，たとえば正方形と人間の顔の違いや円柱と DNA の螺旋構造の違いを対称性で調べるための数学的な道具です．この群には無限の種類がありますが，それらは単純群という基本的な組立て部品で作られています．ちょうど地球上のあらゆるものが素粒子で作られ，数が素数で作られている，というのと同じようなものです．

2004 年，数学者は，あらゆる有限単純群は，‘素数位数の巡回群’，‘5次以上の交代群’，‘リー型の単純群’のどれか，あるいは‘26 種類の散在型’のうちのどれかであることを明らかにしました．そのうち最大のものがモンスター群?! 117です．

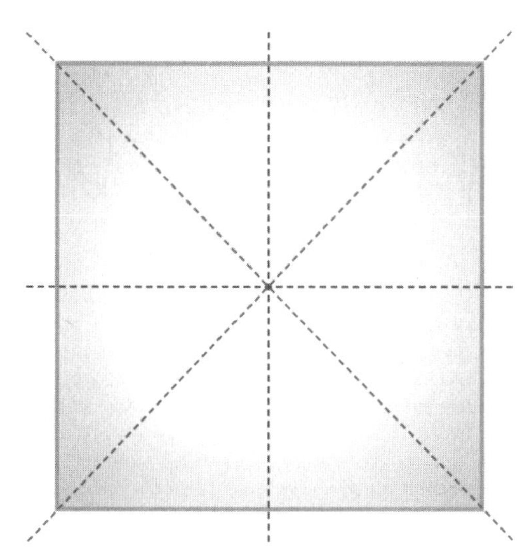

あるかたちについて，何らかに動かしたあとも姿を変えない性質を，そのかたちの対称性といいます．たとえば正方形は，中心のまわりの 0°，90°，180°，270° の 4 回の回転対称性と，中心を通って辺に平行な 2 本の直線ならびに 2 本の対角線を鏡映線とする 4 回の鏡映対称性の合わせて 8 種類の対称性を持ちます．これを位数 8 といいます

?! 28 27

ある数 n を $n \times n \times n$ というように 3 回掛け合わせた数を立方数といい，n^3 と書いて n の 3 乗ともいいます．たとえば 27 は $3 \times 3 \times 3$ だから 3 の立方数となります．もちろん n^3 は 1 稜 n の立方体の体積を意味することも多いです．

でたらめに選んだ数が立方数かそうでないかを当てるのは，すぐにはむずかしいです．立方数の最後の数は 0 から 9 までのどれかとなって，それを見ただけでは他の数との区別がつかないからです．ただし次のような計算によるとすべての立方数は 1 か 8 か 9 に関係します．つまり，1 桁ならその立方数自身，2 桁以上ならその数を作る数字の和，その和が 2 桁以上なら 1 桁になるまで各数を作る数字を加え合わせた数，は 1 か 8 か 9 になります．たとえば 1^3 と 2^3 はそのまま 1 と 8，3^3 は 27 だから $2+7=9$，4^3 は 64 だから $6+4=10$ で $1+0=1$ となります．といっても 1 か 8 か 9 になっているからといって，その数が立方数であるとは限りません．たとえば 17 は $1+7=8$ ですが立方数ではありません．ただしこの性質を使うと，ある数が立方数ではないということはすぐわかります．たとえば 491 は，$4+9+1=14$ で $1+4=5$ となって最後の数が 1 か 8 か 9 でないから立方数ではありません．

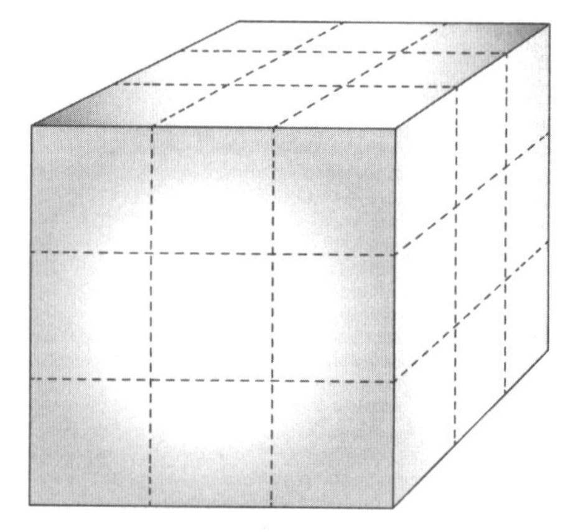

27 個の小さな立方体は大きな $3 \times 3 \times 3$ の立方体を作ります．だから 27 は立方数と呼ばれます．その 27 をさらに 3 乗すれば $27^3 = 19683$ で $1+9+6+8+3=27$，$2+7=9$ となります

?! 29 28

1+2+3=6 のように，1 は含めますが自分自身は除く約数の和になっている数を完全数といいます．最初の完全数は 6 で，その次が 1+2+4+7+14 となった 28 です．

完全数は，紀元前 300 年ごろユークリッドの『原論』に現れて以来研究されてきました．ユークリッドは完全数と一部の素数との関係を見つけています．つまりもし 2^p-1 が素数なら $2^{p-1}(2^p-1)$ は完全数になっているというのです．たとえば，p が 3 のとき 2^3-1 は 7 で素数ですから，$2^{3-1}(2^3-1)=4\times7=28$ は完全数となります．

28 は 1 から 7 までのすべての自然数の和でもあり，7 段目までの 3 角数となります．これは偶数の完全数はすべて 3 角数になっているという定理に合っています．もっと驚くべきことには，28 は最初の五つの素数 2，3，5，7，11 の和であり，最初の五つの素数でない数 1，4，6，8，9 の和でもあることです．そのような数は 71208 まで現れません．

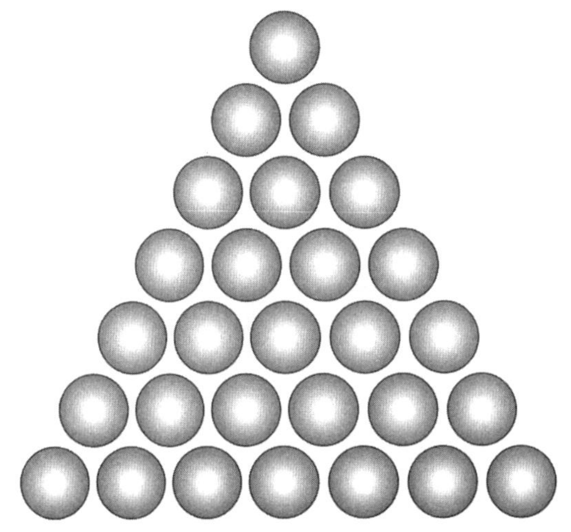

28 は 3 角数の 7 段目までの和になっています

?! 30 29

6だけ違う2個の素数がある場合，その2個をセクシー素数といいます．たとえば23と29はセクシーです．セクシーという名前は，6（six）のラテン語のセックス（sex）の言葉遊びになっています．おそらくもっともセクシーな素数は29です．というのは，三つ組のセクシーの17，23，29にも，四つ組の11，17，23，29にも，五つ組の5，11，17，23，29にも，それぞれの最後に加わっているからです．とくに五つ組はほかにはありません．もし六つ組を考えようとしてもそのうちどれか一つはかならず5の倍数になります．そんな中で五つ組の場合は5の倍数の中でただ一つの素数である5が奇跡的に加わっています．

29は，また，続く素数の31とは双子素数になります．双子素数やセクシー素数が無限にあるのかどうかはまだわかっていません．

そのほか，29は1，2，3，4のすべてをちょうど1回ずつ使って加えたり引いたり掛けたりするだけでは作ることのできない最小の自然数です．では，その条件で1から28までの数を作ってみてください●．

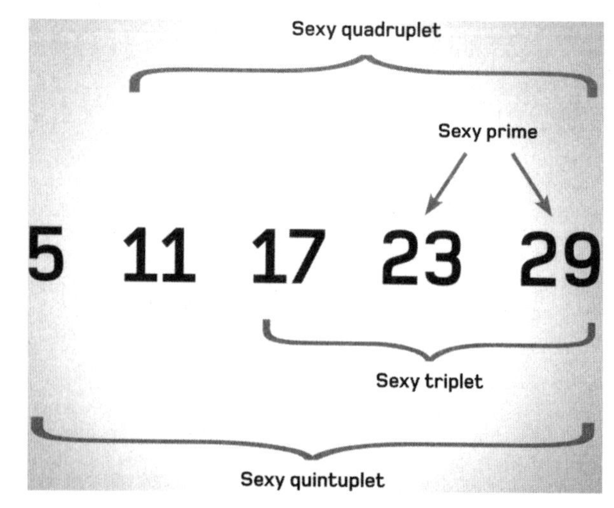

29を含むいろいろなセクシー素数

?! 31 30

1 以外の同じ約数を持たない二つの数をたがいに素といいます．30 は 2×3×5 で，異なる三つの素数の積になっている最小の数ですが，30 未満の数のうち，この 30 とたがいに素な数は，2，3，5 の倍数を除いた 7，11，13，17，19，23，29 で，すべて素数となっています．このように，自分より小さい数の中のたがいに素な数がすべて素数になっている数の中で 30 は最大です．

ところで素数とは関係ありませんが，正方形が 4×4 に並ぶ碁盤目の中には何枚の正方形があるでしょうか．すぐ 16 と答えた人はもう一度考えてください．じつはそのほかにも縦横に一コマずつ大きくなる正方形が重なっていて，3×3 が 9 枚，2×2 が 4 枚，最後に全体を包む 1×1 が 1 枚あって，合わせて，$16+9+4+1=4^2+3^2+2^2+1^2=30$ 枚となります．この 1 から n までのすべての平方の和，つまり 1 辺が n の正方形の面積の和，をピラミッド数（4 角錐状の数）といいます．この和と同じ数の球を積むと正 4 角錐になったピラミッド形を作るからです．1 段だけのピラミッド数は 1 で，2 段の場合は $1+4=5$，3 段の場合は $1+4+9=14$，4 段の場合は図のように 30 となります●．

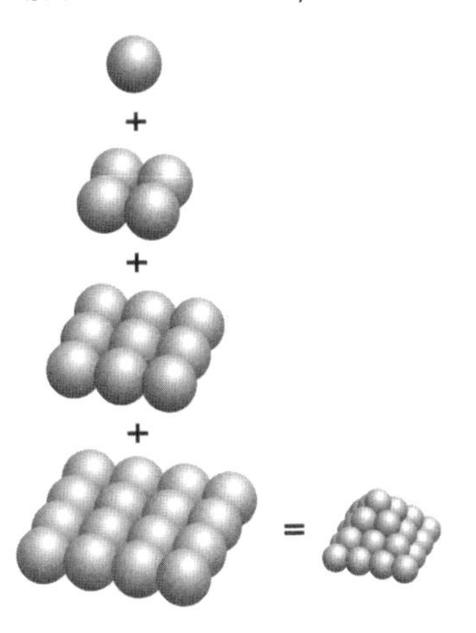

30 は球を 4 段積んだピラミッド数

?! 32

31

31は2だけ離れた29と一緒に双子素数といわれます．また，$32-1=2^5-1$ になっていて2の累乗より1だけ少ないです．このような素数をメルセンヌ素数といいます．その中でも31は，ただ一つ，作っている数字を逆順にした13もやはり素数となります．

知能指数を測るIQテストでは，一つの数列が途中まで与えられてその次の数を求める問題がよく出されます．

たとえばモーセの円問題を見てみましょう．円周上にn個の点を決めてその点同士をすべて線で結んだとします．ただし3本以上の線が1点で交わることはないとします．そのとき円と線あるいは線同士で一重に囲まれる部分は何枚あるだろうか，という問題です．気を付けながら数えていくと，円周上の点が1個の場合は1枚，2個の場合は2枚，3個の場合は4枚，4個の場合は8枚，5個の場合は16枚です．つまり 2^0，2^1，2^2，2^3，2^4 枚というように2の累乗にしたがって増えていきます．となると点が6個の場合は，図が複雑になって確かめにくいですが，どうやら $2^5=32$ 枚になります．が，じつは31枚なのです．

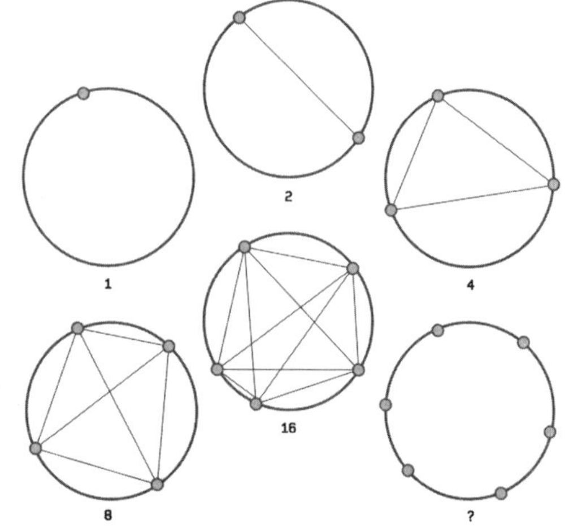

あなたのIQテスト．点の数が1個から5個までの場合の答は図に描いてあります．それにならって6個の場合を調べてください

?! 33

32

イギリスのあるところにとんでもない間違いをした道路標識があります．その標識は，あるサッカー競技場へ行くための道順を示していて，6角形ばかりのサッカーボールが描かれているのです．ところが実際に作ってみればわかるように，6角形ばかりつないでいくと，その6角形がどんなにつぶれていても，閉じた球面を完全に覆うことはありません●．だからふつうに使われている本当のサッカーボールは20枚の6角形に12枚の5角形をつないだ多面体，つまりアルキメデスの立体の中の切頂20面体の球面版になっています．

切頂20面体は60個の頂点に炭素原子を置いたバックミンスターフラーレンという炭素の分子に似ています．この名前は切頂20面体を思わせるドーム建築で有名な建築家バックミンスター・フラーにちなんでいます．1980年代にこの炭素分子を発見した化学者には1996年度ノーベル化学賞が与えられました．切頂20面体によく似た，6角形と5角形ばかりでできる球面状の多面体は無数にできますが，どんなに面の数を多くしても5角形は12枚しかありません▲．

左下はイギリスのサッカー競技場の標識に見る6角形ばかりのサッカーボールの絵，右上は20枚の6角形に12枚の5角形が加わった本物のサッカーボールの写真

?! 34 33

いま，立方数に関係する単純な問題が数学者を悩ましています．n^3 と 33 についての問題です．

n^3 は $n \times n \times n$ というように n を 3 回掛け合わせた立方数です．単純な問題というのは，どんな整数なら三つの整数の 3 乗の和で表すことができるか，ということです．たとえば，正の整数の 3 乗ばかりの場合は $36 = 1^3 + 2^3 + 3^3 = 1 + 8 + 27$ です．ところが負の整数を使う場合もあって，たとえば $1 = 10^3 + 9^3 - 12^3 = 1000 + 729 - 1728$ となります．同じ数字を何回使ってもよいとすると，$3 = 1^3 + 1^3 + 1^3$ が考えられます．33 はそういう表し方がわからないのです．

今のところ数学者は，9 で割ったとき 4 あるいは 5 が余る数（たとえば 4，5，13，14，22，23 など）についてはそのような表し方はなく，それ以外の数については少なくとも一通りはあるだろうと予想しています．

その表し方がわからない数の最小は最近まで 33 でしたが，2019 年になって約 9000 兆（16 桁）になる 3 個の立方数（一つは正，二つは負）を使う方法がコンピュータのおかげで見つかりました！　その結果，現在まだ答が見つかっていない最小の数は 42 となっています●．

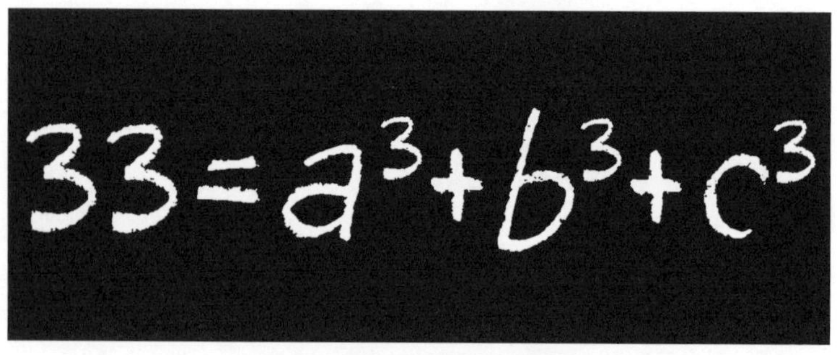

a，b，c に当てはまる正か負の整数を見つけてください

?! 35　34

34 は，1，1，2，3，5，8，13，21 に続くフィボナッチ数です．また 2 と 17 という素数同士の積になっているから半素数でもあります．すぐ隣の 33＝3×11 も 35＝5×7 も二つの素数の積になった半素数で，このように同じ個数の素数の積になった半素数で挟まれる半素数のうち 34 は最小です．

図に示すのは四方陣ともいわれる魔方陣です．4×4 の碁盤目の中に，1 から 16 までの数を縦横斜めのどの方向に加えても 34 となるように入れてあります．この 34 を魔方陣の定和といいます．四方陣には，回転させたり鏡に写したりしたとき同じものになるものを除いて 880 の違った種類があります．定和はもちろんすべて 34 です．その中でも図に示すものは特別の構成になっています．34 という数字が，縦横斜め以外にもいろいろなところに見られるのです．たとえば，中に組み込まれている 3×3 の碁盤目すべての 4 隅や，全体の 4 隅にある四つの数，外周の桂馬飛びの位置にある 3，8，14，9 と 2，12，15，5，外周にあって対角線を挟んで鏡像の位置にある 2，8，9，15 と 3，5，12，14 の四つの数の合計はすべて 34 です●．

ルネサンスのころ‘ゆううつ’と考えられていたいろいろな品物を集めたデューラーの銅版画『メランコリア』の四方陣の部分．最下段に制作年あるいは母親の没年といわれる 1514 という数字が見えます

?! 36 35

ある日，白雪姫は，子犬のようにかわいらしい７人の小人の友だちに，３人だけお手伝いに来てね，といいました．喜んだ友だちは，自分こそと，争って１列に並んで１番目から３人だけ選んでもらおうとしました．この並び方には何通りあるでしょうか．

まず最初の位置を奪うことは７人のうちだれでもができます．２番目は残る６人のうちだれでもができます．こうした並び方には，最初は７通り，２番目は６通り，３番目は５通りあって，３人を選ぶ方法は全部で $7 \times 6 \times 5 = 210$ 通りあります．ところがこの 210 通りは‘順列’といって，たとえば a，b，c の３人が選ばれたとして，abc，acb，bca，bac，cba，cab の６通りも加わっています．白雪姫はこんな順番を気にせずに３人選びたいのです．その選び方を‘組合わせ’といい，今度のお手伝い選びの場合は $(210/6) = 35$ 通りがあることになります．

この組合わせの問題は‘７から３を選ぶ’ことになっていますが，‘７から３を選ばない’つまり‘７から４を選ぶ’といい直すこともできます．そのことは図のパスカルの３角形からもわかります●．

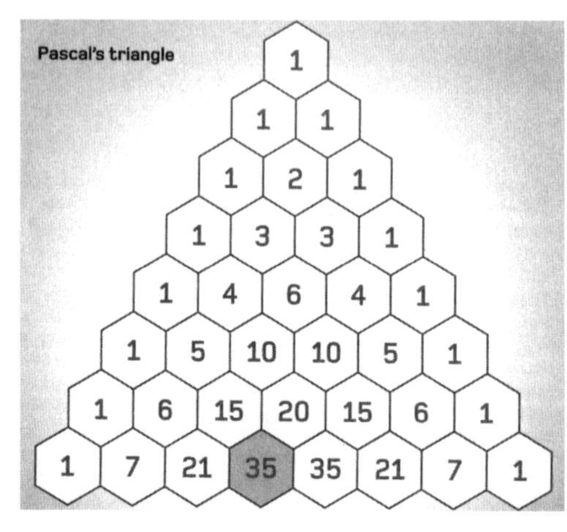

パスカルの３角形．この３角形の中の各数は，すぐ上の二つの数の和となっています．その数を使うと n 個の中から r 個のものを取り出す方法は (n+1) 列目の左右どちらから数えても (r+1) 番目の数となります．７人の中から３人選ぶ場合は，上から８列目の左あるいは右から４番目の数となります

?! 37　36

6×6 であり，また１から８までの自然数の和でもある 36 は，平方数であり３角数でもある３角平方数のうち１を除いた最小の数です．次は 1225 まで飛びます．

かたちとの関係でいえば，星形正５角形の２辺が作る内角はすべて 360° の 1/10 の 36° で等しく，辺の長さもすべて等しいです．したがって正多角形の仲間となります．ただし辺は頂点以外の場所で２本ずつがたがいに交わります．同じように，一つの円周上に等間隔に p 個の点を取り，その点を q 個置きに結ぶと，{p/q} で表されるいろいろな星形の正多角形ができます．星形正５角形は {5/2} です．ただし，たとえば {6/2} は２枚の正３角形に分かれるので正確には星形ではありません．

{8/3} と {8/5} は同じ星形になります．時計まわりで三つ目ごとというのは反時計回りで五つ目ごとというのと同じだからです●．

星形正５角形

?! 38 37

1から9までのあいだのどれか一つの数，たとえば1，を111のように3回並べた数を考えて，その数をばらばらにして加えてください．そうすると1の場合は3となりますから，その3で111を割って下さい．2を選ぶなら3回並べた数は222で和は6となりますから，その6で222を割ってください．答は，なんと，いつも37になります！

1637年に予想されながらその後350年あまりのあいだ証明されなかったのがフェルマーの最終定理で，三つの整数x，y，zについて，nが2を超える場合，$x^n+y^n=z^n$ は成り立たないだろう，といいます．nが2の場合はピタゴラスの定理が知られています．

このことを1840年にnが7のときに限って証明したことで知られるフランスの数学者ガブリエル・ラメは，1847年，複素数を使った因数分解によって完全に証明したと発表しましたが思い違いをしていました．自然数は素数の因数で一通りに分解されますが，素数の代わりに複素数を使うと一通りにはなりません．その後，数学者たちはその修繕をいろいろ試みましたが，不規則素数がじゃまをしてうまくいきませんでした．不規則素数というのは，37を最小として，そのあと59，67，101，…などと無限に続く特別の素数です●．それから148年後の1995年，アンドリュー・ワイルズがまったく違う方向からフェルマーの最終定理を見直して解決したのでした．

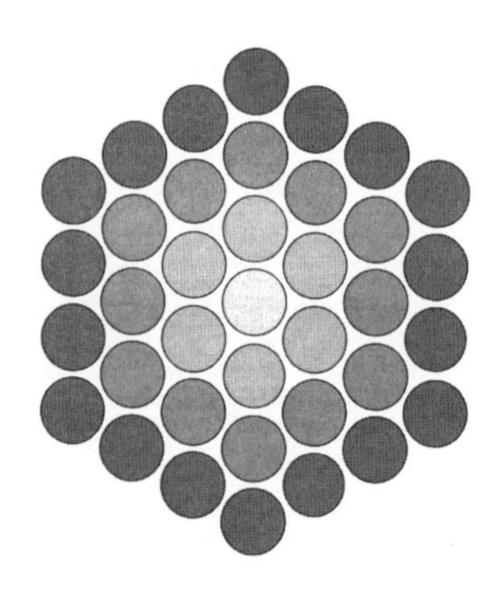

中心のまわりに6角形状に並んで増える点の総数を6角数といいます．その場合，1重目には1個，2重目までには7個，3重目までには19個，4重目までには37個が並びます．さらに5重目までには合計61個が並んで，ここまでの合計はすべて素数となりますが，6重目までには合成数の91＝7×13個が並びます▲

?! 39

38

2を超えるあらゆる偶数は二つの素数の和になっているだろう，という数学上有名な未解決のゴールドバッハの予想があります．それに対して，あらゆる偶数は二つの奇数の合成数の和になるかどうか，という姉妹予想があります．

たとえば偶数の 50 は二つの奇数の合成数である 15(＝3×5) と 35(＝5×7) の和です．このような性質を持っている数のうち最小は，最小の奇数の合成数である 9(＝3×3) を二つ加える 18 です．一つの偶数を二つの奇数の合成数の和とするのは，数が大きくなればなるほど簡単になります．奇数の中の素数の割り合いがだんだん少なくなるからです．1以外の最初の 10 個の奇数を見ると，3，5，7，11，13，17，19 の七つ，つまり 70%が素数ですが，最初の 100 個の奇数を見ると素数は 46%しかありません．その結果，偶数の 38 は二つの奇数の合成数の和にはならない最大の数となり，38 より大きい偶数はすべて二つの奇数の合成数の和となります．たとえば 40＝15(＝3×5)＋25(＝5×5)，42＝15(＝3×5)＋27(＝3×9) です●．

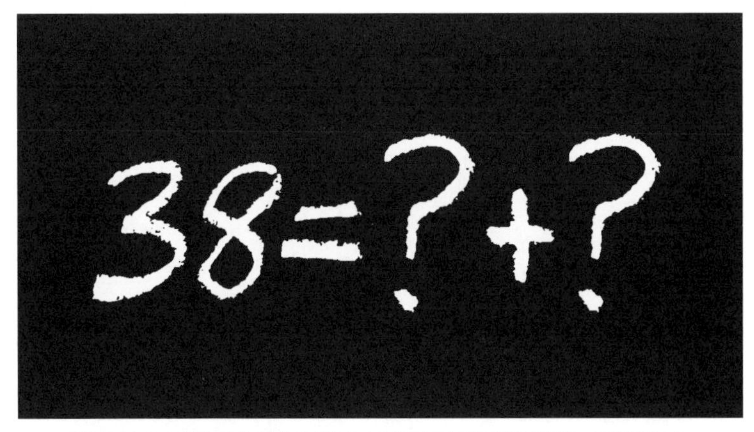

38 を二つの奇数の合成数の和として表すことはできますか．できません

?! 40　39

D・ウェルズは『数の事典』の中で，39は最初のおもしろくない数だからおもしろい，とからかっています．このからかいに乗るように，おもしろくない数を熱心に探す人もいます．今では単独ではウィキペディアに出てこない最小の数262や，オンライン整数列大辞典OEISの中に出てこない最小の数17843がその候補に挙がっています．

とはいえ39にはおもしろいところもあります．ウェルズは厳しすぎたようです．奇数の半素数つまり約数が素数になった合成数のうち，その約数に挟まれた素数の和となっているものとしては最小です．つまり，39の約数は素数の3と13で，それらに挟まれた素数の5，7，11を加えると3+5+7+11+13=39となっています●.

それからもわかるように，39は3と深く関係しています．たとえば$39=3^1+3^2+3^3$です．また39は3通りの方法で三つに分けることのできる最小の数です．つまり積が1200になる三つの数を使って4，15，20か，6，8，25か，5，10，24か，の3通りの方法で，三つに分けることができます．

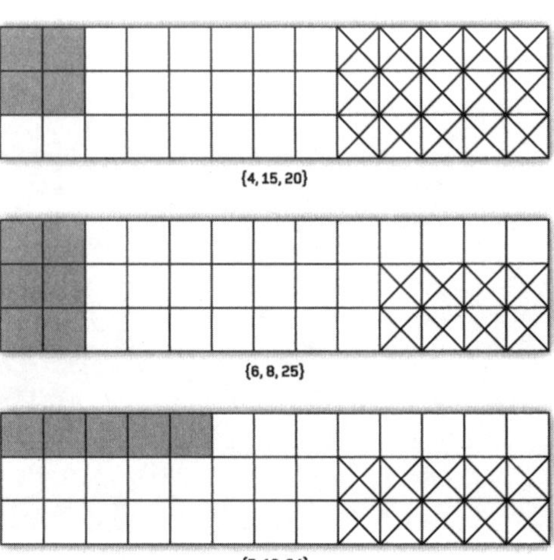

3種類の正方形模様合わせて39個の3通りの分け方

?! 41 40

素数の末尾の 2 桁の数はなぜか 40 通りに決まっています．いくつかの例でいえば，5 で割り切れてしまうから 35 などでは終わりませんが，たとえば 239 のように 39 で終わることはあります．最初の 1 万個の素数をみると，57 で終わる場合がもっとも多いですが，最初の 10 億個では 47 がトップになります．

文学上も科学上も，40 は少しおもしろい側面を持っています．40 の英語の 'forty' という綴りは，すべての数字の英語の綴りの中でただ一つアルファベット順になっています．これについては綴りを 'fourty' から変えた 17 世紀の先祖に感謝しなければなりません．この 40 の英語の鏡像ともいえるのは 1 の 'one' で，すべての数字の英語の綴りの中でただ一つ左右逆にするとアルファベット順になります．

病気にかかった人を離れた場所に移す意味を持った英語の 'quarantine'（隔離）という単語は '40 日' を意味するイタリア語の 'quaranta giorni' から生まれました．14 世紀にヨーロッパでペストが大流行したとき，ベニスでは街へ入ろうとする患者を港の外で 40 日間待機させたのでした．

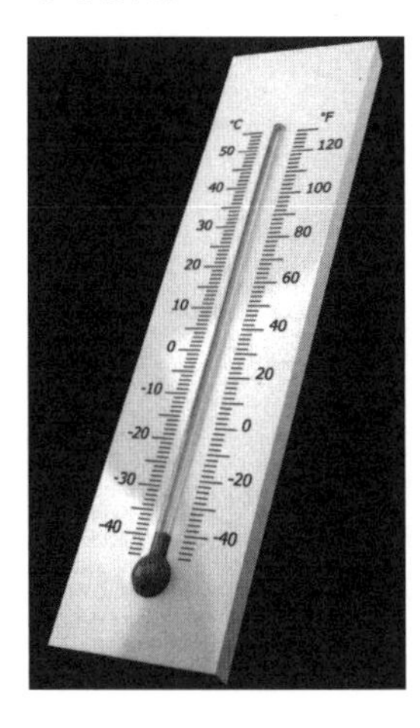

温度計を見ると，摂氏でも華氏でも −40° まで目盛られて −40 という数字だけが同じ位置にあります．華氏 F と摂氏 C のあいだに F = (9C/5) + 32 という関係があるからです

?! 42　41

素数の配列はいろいろなパターンを作りますが，そのパターンを見つけ出すのはなかなかむずかしいです．そのことは，現在までに知られてきた数学上の有名な未解決問題の多くが，ゴールドバッハ予想にしろ，双子素数予想にしろ，リーマン予想にしろ，ことごとく素数に関係していることからもわかります．

中でも素数の分布を決める公式を捜すことは大変です．その公式は‘ある’ようですが，これまでに知られたものはとんでもなく扱いにくく，実用的ではありません．そんな中で比較的使いやすいのは，いくつかの変数と定数を＋，－，×で結び付ける多項式を使うものです．たとえば $x^2+2xy-5$ などが知られています．

こうした多項式はどれほどの素数を導くことができるのでしょうか．41 が主役の x^2-x+41 は x に 0 から 40 までを代入すれば素数が最長に続きます．これは 1771 年にオイラーによって発見されたもので，そのため 41 は‘オイラーのラッキー・ナンバー’と呼ばれています．ただし，悲しいかな，素数だけを生み出す多項式はないということが明らかにされています．

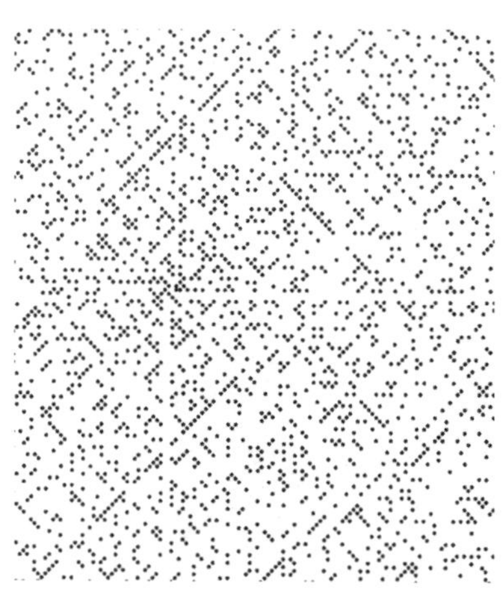

ウラムのらせん．スタニスロー・ウラムは．ある会議の最中，退屈まぎれに，1，2，3，4，…といった自然数を渦巻き状に書き，素数にだけ黒丸印をつけてみました．すると，黒丸は x^2-x+41 という 2 次式に関係するように並びました．この数式からは予想外に多くの素数が得られます．その理由については現在調べられている最中です

?! 43 42

20世紀末から21世紀初めにかけてラジオ，テレビ，映画，ゲーム，舞台，漫画などを通じて大評判になったイギリスのダグラス・アダムスのSF小説『銀河ヒッチハイク・ガイド』によると，宇宙で2番目に優秀なコンピュータが750万年かかって計算した‘生命，宇宙，そして万物についての究極の疑問’の答は‘42’でした．このものすごい42は，立方体や円柱のかたちをしたケーキを6回切るときできる部分の最大の個数にもなっていて，ケーキ数といわれています．

立方体や円柱を1回だけ垂直あるいは水平に切ると2個に分かれ，2回切る場合は，断面が交わらないように切ると3個，交わらせて切ると4個，に分かれます．3回切る場合は，4個，5個，6個，7個に分かれるほか，直交3平面で切ると最大の8個に分かれます．ここまでは，最大の場合，2，4，8というように2の倍数で増えますが，4回以上切る場合は垂直と水平以外に斜めの切り口も意味が出てきて簡単にはいきません．最大は，4回の場合15個，5回の場合26個，6回の場合42個，7回の場合64個，8回の場合93個となります●．n回の場合の最大は$(n^3+5n+6)/6$個です．

といっても，すべての人が満足するように平等に分けるのはむずかしいですよ…▲．

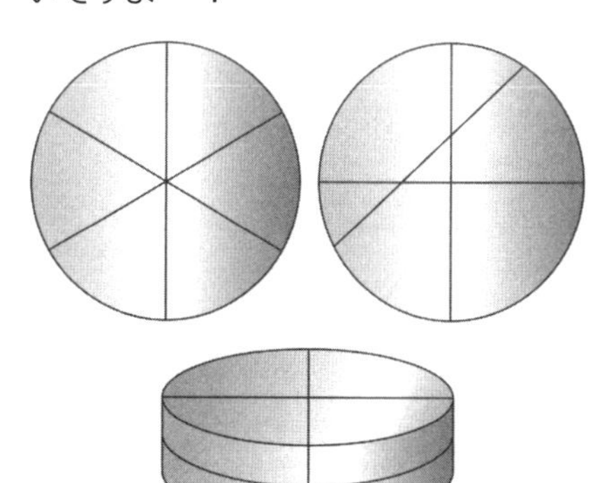

円柱状のケーキを3回切って，6個（上左），7個（上右），8個（下）に分ける方法．では，6回切って42個に分けるにはどうすればいいでしょうか

?! 44　43

同じファーストといっても，社長向きの一等級（first）ではなく新入社員向けの猛スピード（fast）の食事ができるファーストフードレストランでは，トリのカラ揚げを6個，9個，20個の箱に入れて売っています．問題は，これらの箱を組合わせるのでは注文できないカラ揚げの最大数を求めることです．たとえば21個欲しければ6個入り2箱と9個入り1箱で注文できますが，22個の場合はどうしてもうまくいきません．

もっと身近な例でいうと，いくつか知られている‘コイン問題’と呼ばれるパズルの一つになります．つまり共通の約数を持たない異なる金額のコインがいくつかある場合，それらの組合わせでは買い物ができない最大の金額を求めなさい，という問題です．もちろん，それを超える金額の買い物をするのは懐が豊かな限り自由にできます．カラ揚げの場合，実際に計算してみればわかるように，注文できない最大数は図のように43になります●．

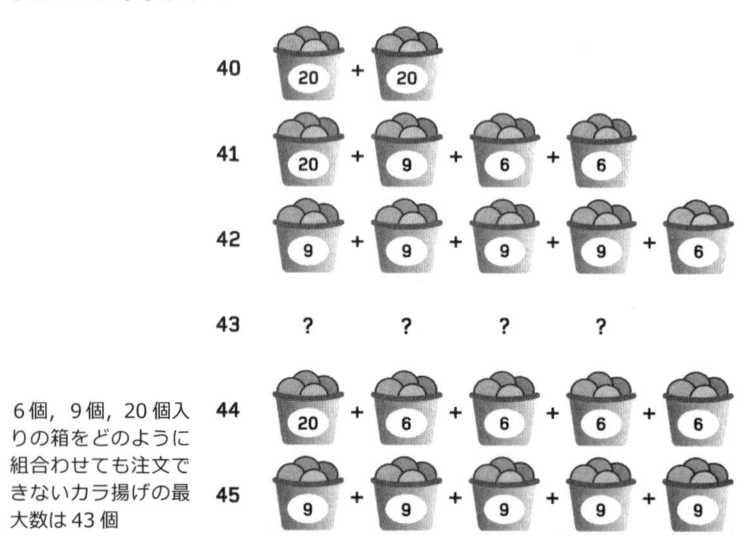

6個，9個，20個入りの箱をどのように組合わせても注文できないカラ揚げの最大数は43個

?! 45

44

多くの人は, 0, 1, 1, 2, 3, 5, 8, 13, …と続くフィボナッチ数列に親しんでいるようです. この数列の各数つまりフィボナッチ（2ボナッチ）数は前の二つの数の合計になっています. それに対して44はトリボナッチ（3ボナッチ）数列の一つです. トリボナッチ数列では, 前の三つの数の合計がそれに続く数になっていて, たとえば0, 0, 1, 1, 2, 4, 7, 13, 24, 44, …と続きます. フィボナッチ数列の隣り合わせの数字の比が黄金比つまり約1.618に限りなく近づくのと同じように, トリボナッチ数列の場合もトリボナッチ定数約1.839に限りなく近づきます.

予想もできないことですが, このトリボナッチ定数は, アルキメデスの立体の一つであるねじれ立方8面体の頂点の座標に現れます.

このように2に関係する2ボナッチ数, 3に関係する3ボナッチ数があるのなら, 当然4に関係するテトラナッチ（4ナッチ）数0, 0, 0, 1, 1, 2, 4, 8, 15, …, や5に関係するペンタナッチ（5ナッチ）数, 6に関係するヘキサナッチ（6ナッチ）数なども考えられ, 隣り合わせの数の比はそれぞれに決まった定数に近づきます.

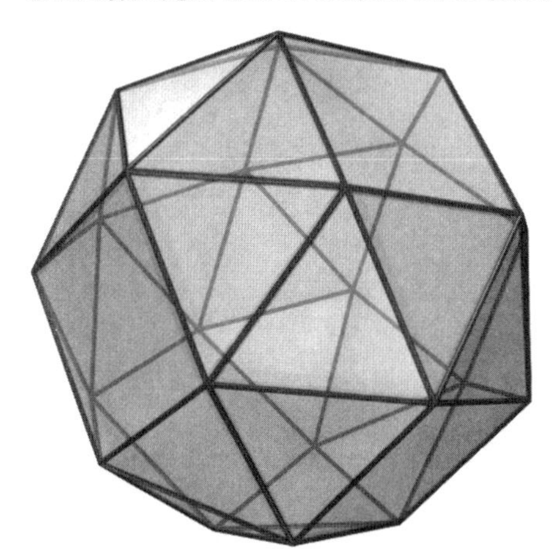

ねじれ立方8面体は, 各頂点まわりに4枚の正3角形と1枚の正方形が同じ状態で集まる多面体です. 頂点は24個あり, それらの座標は, tをトリボナッチ定数とした場合, ± 1, $\pm 1/t$, $\pm t$のさまざまな組合わせとなります●

?! 46　48

立方体にはどんな対称性があるでしょうか．つまり，ある直線のまわりに回転させたり，中心を通るように鏡を置いて映したりしたとき，元とまったく同じように見える動かしかたには何通りあるでしょうか．答は 48 通りです．これを立方体の位数といいます．次の説明を読まずに，この位数のすべてを見つけることはできますか．

まず回転対称性について見ると，相対する一組の側面の中心が動かないように持って 0°，90°，180°，270° だけ回転させることができます．相対する側面には 3 組ありますから，この場合は合わせて $4\times3=12$ 通りの対称性を見せます．もし図のように相対する一組の頂点を動かないように持つと 0° か 120° か 240° だけ回転させることができます．相対する頂点には 4 組ありますから，この場合は合わせて $3\times4=12$ 通りの対称性を見せます．さらに，相対する一組の稜線の中心を動かないようにすると 0° か 180° 回転させることができます．相対する稜線には 6 組ありますから，この場合は合わせて $2\times6=12$ 通りの対称性を見せます．

つぎに鏡に映す鏡映対称性を見ると，鏡を，一組の相対する側面の稜線の垂直 2 等分線の位置に置く方法 2 通りと，対角線に沿って置く方法 2 通りがあります．相対する側面は 3 組ありますから，合わせて $(2+2)\times3=12$ 通りの対称性があります．

以上を合わせると，全部で $12\times4=48$ 通りとなります．間違いなく計算できましたか●．

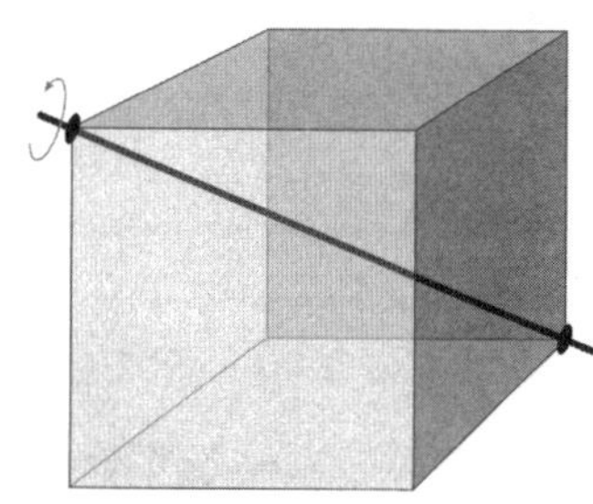

立方体の一組の相対する頂点を動かさずに対角線のまわりに回転させる様子

?! 47　49

49は7×7になった平方数です．つまり1辺が7の正方形の面積です．49を作る4と9も自然数の平方数で，そんな平方数だらけの最初の平方数です．

49はまた最初の7個の奇数の和です．つまり49=1+3+5+7+9+11+13です．このように平方数の49が，最初から続く奇数の和であることは，決して偶然ではありません．すべての平方数は連続する奇数の和になっているからです．そのことは図を見れば明らかです．

平方数で割り切れる数を平方的数といいます．たとえば16=4×4で割り切れる48も，25=5×5で割り切れる50も平方的数です．その48と50に挟まれて49=7×7で割り切れる49は，平方的数で挟まれた平方数としては最小です●．

奇数で1，3，5，7枚というように増えていく正方形が，左下の1枚を1重目としてL形につながりながら放射状に広がる図．n重目のL形で囲まれた部分までの正方形の和はn×nになっていて，最初からn重目までの奇数の和を見せます

?! 48　50

英語で'フィフティ・フィフティ'（50・50）といえば，何かをちょうど半分に分ける意味を持っています．たとえば，ケーキをフィフティ・フィフティに分ける，ケーキが食べられてしまっている確率はフィフティ・フィフティ，などといいます．

数学上の 50 は，次のような意味でも大切です．つまり $50=25+25=5^2+5^2$ であり，$50=1+49=1^2+7^2$ でもあって，0 でない 2 個の数の平方数の和として 2 種類の異なる表し方があるもののうち最小になっています． 3 世紀ごろのアレキサンドリアのディオファンタスによると，それぞれが 2 個の平方数の和になった二つの数を掛け合わせると，答は，またまた決め方が 2 種類ある 2 個の平方数の和になります．答が 50 になる場合でいえば，$5=1^2+2^2$，$10=1^2+3^2$ で，$5\times 10=50$ です．その 50 を決めるのに 5^2+5^2 と 1^2+7^2 の 2 種類があります．このような性質を持つ数の最小が 50 です．自然数の平方の和で決められる数の最小は 1^2+2^2 の 5，その次は 1^2+3^2 の 10 で，50 はその積なのですから．

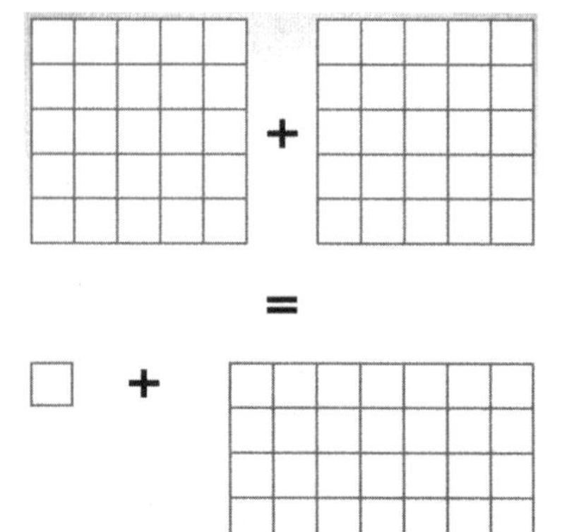

50 は 2 種類の方法で 2 個の数の平方数として表すことのできる最小の数

?! 49　57

あなたは 57 を素数だと思ったことはありませんか．そんな間違いは立派な人もしていますよ．20 世紀を代表する大幾何学者アレクサンダー・グロタンディエクは，とぼけた考え方をする人で，あるとき，極め付きの素数は何ですか，と聞かれて，もちろん 57 です，と答えたのです．それ以来，57 は冗談半分にグロタンディエク素数といわれています．ほんとうは，57 は 3 と 19 という二つの素数の積ですから半素数です．

四月バカ素数というのもあります．最後がいかにも素数風の 1，3，7，9 になっている合成数のことです．たとえば，87，91，119，253 は四月バカ素数です．

グロタンディエクは間違っていましたが，もし誰かがあなたに 57 で終わる 1000 以下の 3 桁の数を見せたとき，それは素数だ，といってやればたいてい当たります．1000 までの 3 桁の素数には 57 で終わるものが多いからです●．

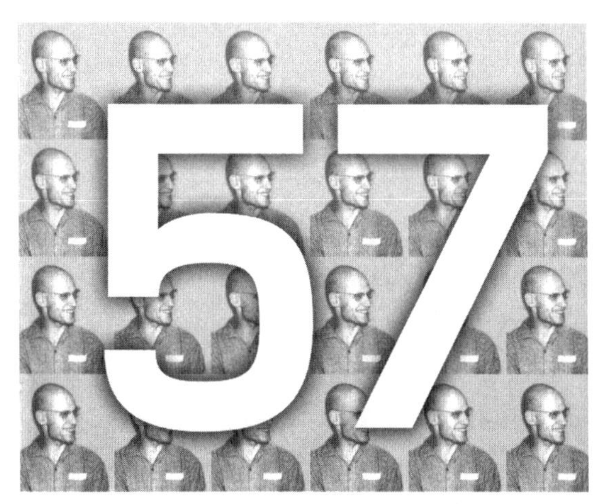

アレクサンダー・グロタンディエク

?! 50　60

60 は，自分より小さいどんな数よりも多くの約数を持っている極め付きの合成数です．1 から 6 までのすべての自然数で割り切れる最小の数でもあります．

60 は，また，紀元前 3 千年ごろの古代シュメール人が最初に使ってバビロニアに伝えたといわれる 60 進法の基礎になる数です．その 60 進法では 1 と 10 を表す記号を組合わせた 1 から 59 までの数を使いました．60 はこれで 60 までの一巡が終ったという意味で，最初の 1 に ′（コンマ）を付けるだけです．61 は 1′1 となります．

このバビロニア人が使った 60 進法の力はものすごく，1 分は 60 秒，1 時間は 60 分，全円周は 360° などとして私たちに伝わり，今ではとくに分数の世界で威力を発揮しています．60 はたくさんな約数で割り切れるため，細かく小分けすることができるからです．たとえば 1 時間つまり 60 分でいうと，1/2 は 30 分，1/3 は 20 分，1/4 は 15 分，1/5 は 12 分，1/6 は 10 分などとして割り切れます．もし 1 時間が 100 分だったとしたらそうはいかないでしょう●．

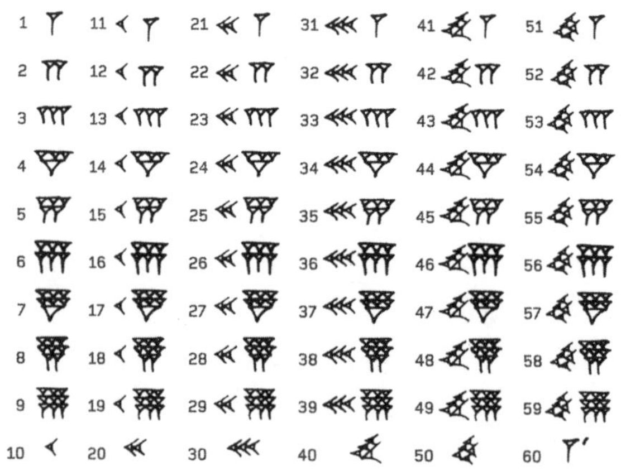

1（左上）と 10（左下）の記号だけを組合わせた 1 から 60 までのバビロニア数．ずっと後に見つかった 0 は使っていませんでした

?! 51　62

娯楽数学の世界で昔から知られているパズルに，‘隅切りチェスボード問題’というのがあります．8×8の64個の正方形が白と黒に塗り分けられて交互に並ぶチェスボードの対角線方向の二つずつの隅は，白ばかりあるいは黒ばかりになっていますが，そのうち白ばかりあるいは黒ばかりの隅を切り取ってしまうとします．その場合，残った62個の正方形を，ドミノ板，つまり1枚ずつの白と黒の正方形をつないだ板，31枚で覆いつくすことはできるだろうか，という問題です．

ちょっと考えると覆いつくすことができるような気がしますが，そうは簡単にはいきません．ドミノをどんなにうまく置いても行き止まってしまいます．実際に，覆いつくすのは不可能なのです．

不可能である理由は極めて簡単です．各ドミノはチェスボードのちょうど1個ずつの白と黒の正方形を覆います．ところがたとえば白の隅の欠けたチェスボードには30個の白と32個の黒の正方形があって，白と黒が同じ数のドミノで覆いつくすことはできません．ただし，4隅すべてを欠いたチェスボードなら覆うことができます．

隅切りチェスボード問題

?! 52 64

ある数を２乗した平方数であり３乗した立方数でもある数など考えられますか.

いくらでもあります！　例えば１はその一つですが，１以外にも，最小の例として 64 があります．これは８×８であり４×４×４でもあります．このような数は一般に x^6 で表されます．64 は 2^6 で，$(2^2)^3$ あるいは $(2^3)^2$ とも書くことができます.

16 世紀にイギリスのウェールズで活躍した物理学者で数学者でもあったロバート・レコードは，等号つまり‘=’の発明者であり，加算の記号つまり‘+’を広めた人として知られています．レコードは２乗と３乗を組合わせる６乗に，中世のイタリアの言葉を借りて‘平方立方’（zenzicube）という立派な名前を付けました．この言葉を一般化して，８乗はレコード言葉で‘平方平方平方’（zenzizenzizenzic）と呼ばれました．これは現在オックスフォード英語辞典 OED で‘z’をもっともたくさん含む言葉になっています.

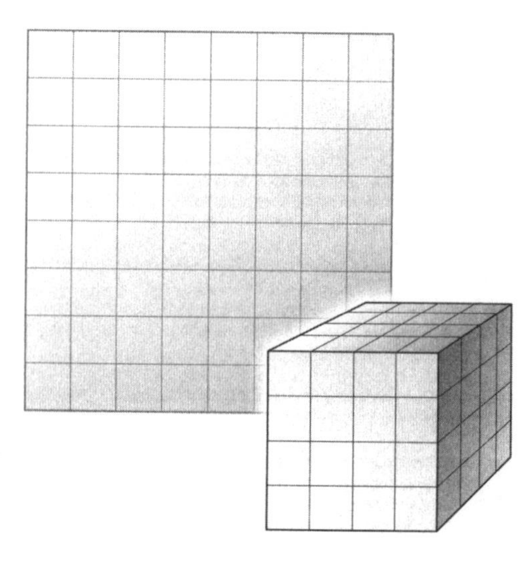

64 個のブロックを使って作った８×８の正方形と４×４×４の立方体

?! 53　70

70 は‘不思議数’の一つです．不思議数というのは，‘過剰数’でありながら‘半完全数’ではない数を言います．過剰数というのは，1 は加えて自分自身は除く約数の合計が自分自身を超える数です．たとえば 12 は自分自身を除く約数の合計が，1+2+3+4+6=16 ですから過剰数です．また半完全数というのは自分自身を除く約数の一部分の合計が自分自身に等しくなる数です．たとえば 12 の場合は約数のうちの 4 を除いた合計 1+2+3+6=12 となりますから半完全数です．このように考えると過剰数の多くは半完全数になります．

70 は自分自身を除く約数が 1，2，5，7，10，14，35 でその合計が 74 となるから過剰数です．ところがこの約数をどんなに組合わせても 70 にはなりません．したがって 70 は不思議数となります．不思議数は非常に珍しく，70 が最小で，次は 836 です．

珍しいといっても不思議数は無限にあります．その中に奇数の不思議数があるかどうかは今なお数学上の問題となっています．もしあれば，それは 10^{21} よりもっともっと大きいはずです．

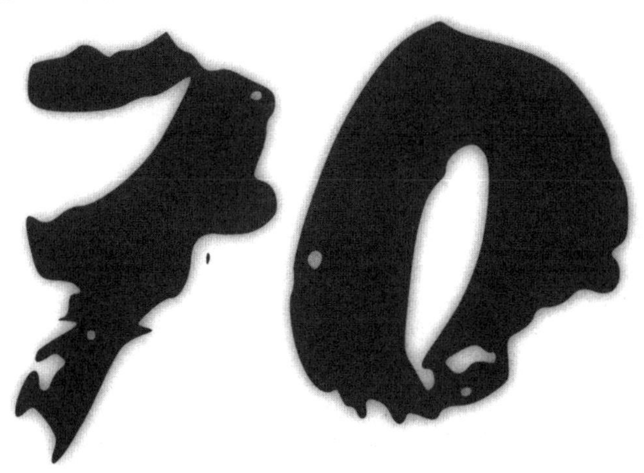

70 は最小の不思議数●

?! 54　72

舗装された道を歩いていても，風呂場ででも，多角形を貼り詰めたタイル貼りの模様が目に入ります．その中の多くは，どんなに小さな部分でもどんなに大きな部分でも，一部分を紙に写し取ってちょっと平行にずらせば他の部分とぴったり重なります．このような繰り返し模様を周期的タイル貼りといいます．そのもっとも知られた例がピタゴラスのタイル貼りです●．

ところがイギリスの物理学者ロジャー・ペンローズが発見した２種類のタイルでできるタイル貼りは周期的ではありません．どんなに小さな部分でもどんなに大きな部分でも，その一部分を紙に写し取ったあと，平行に動かす限り，どんなにずらしても元の模様とは重ならないのです．つまり繰り返し模様にはなっていません．これを非周期的といいます．

ペンローズのタイル貼りに使う２種類のタイルの内角は図からもわかるように 72° だらけです．すべての内角が 108° = 180° − 72° の正５角形から導かれるからです．そのためペンローズのタイル貼りはピタゴラスのタイル貼りには見られない５回対称性に従っています▲．

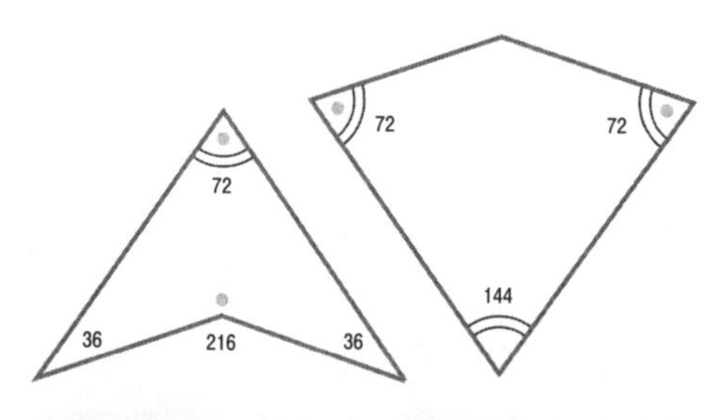

上はペンローズの矢形（左）と凧形（右）の２種類のタイル．下はペンローズの非周期的なタイル貼り

?! 55 90

90° は一つの円の水平と垂直の直径が全円周の 1/4 を切り取る角で，‘直立角’ の短縮形として ‘直角’ とも呼ばれます．

水平線上の１点に立てた垂直線は二つの直角を作ります．古代ギリシャのユークリッドもそのような説明で直角を定義しました．ユークリッドは，証明できないにしても疑いようのない幾何学上の原則 ‘公準’ を５個あげ，それを土台にして他のいろいろな問題を解いています．その公準の一つが，すべての直角は等しい，というもので，ユークリッドの幾何学はそれに基づいて成立しているともいえます．

それだけに，あらゆる３角形の中で直角３角形はもっとも重要です．三角法に使われるサイン（正弦），コサイン（余弦），タンゼント（正接）などはすべて直角３角形の辺の長さで決められています●．直角３角形以外の３角形にしても，一つの頂点から向かい合った辺に垂線をおろせば２枚の直角３角形に分けることができます．すべての多角形もいろいろな３角形に分割できますから，けっきょく直角３角形で構成されているといえます．

１本の水平線に向かって両側に等しい角を作るように垂直線を下したときできる角を直角といい，ふつう，小さな正方形で示します

?! 56 92

‘8人のクイーン問題’というパズルがあります．チェスボードの上に，8人のクイーンを，図のようにたがいに攻撃し合わないように置くすべての方法を考えるパズルです．チェスを知らない人は，8×8の碁盤目の上に，8個の駒を，どの2個も同じ行，列，対角線方向は並ばないように置くすべての方法を捜すパズルと考えてください．一つの方法だけを見つけるのはそんなにむずかしくはありません．問題はすべての方法を見つけることなのです．

この問題は1848年に初めて出されましたが，最近になってコンピュータでうまく解かれました．その結果，8人のクイーンがいる場合は92種類の方法があることが分かりました．ただし回転や鏡映によって重なるものも含めます．そのような重なりを省くのであれば12種類の基本的な配置が知られています．

もっと広く考えて，n人のクイーンをn×nのボードの上にたがいに攻撃し合わないように並べる方法には何通りあるでしょうか．今までにn＝27まで解かれています．

チェスボードの上に8人のクイーンをたがいに攻撃し合わないように置く方法の一つ．5人のクイーンの場合は10通りあって6人のクイーンの場合の5通りより多くの方法があります

?! 57　99

数学の世界にジャガイモ・パラドックスという，思いがけない答を見せる問題があります．

いま，重さ 100 kg のジャガイモの山があって，そのうち 99%はジャガイモが含む水の重さです．つまりジャガイモ本体の重さは 1 kg です．それを乾燥させて水が全体の 98%になるようにすると，その全体の重さは何 kg になるでしょうか．

たぶんみなさんは 99 kg か 98 kg になると思うでしょう．100 kg のうち 99%が水で，その水が蒸発して 98%に減ったのですから．ところが答は 50 kg なのです．

この問題で注目すべきは，水の蒸発量を%でいっているだけで kg の重さではいっていないこと，水のないジャガイモ本体の重さは，乾燥させる前も後も 1 kg で変わらない，ということです．もともとこの 1 kg の重さは乾燥させる前の全体の 1 %でしたが，その重さは乾燥させた後も変わらず，パーセントでいう限り全体の 2 %に増えたことになります．全体の 2 %が 1 kg ということは，全体の重さは 50 kg です．そのうち水は 49kg でまさに全体の 98%です●.

ジャガイモ・パラドックス

?! 58 100

100は約数1，2，4，5，10，20，25，50の一部の5，20，25，50の和ですから半完全数です．2^6+6^2であり10^2でもあって平方数です．さらに$2+3+5+7+11+13+17+19+23$となって最初の9個の素数の和にもなっています．このように最初からの素数の和になった平方数のうち100は最小です．また$10^2=(1+2+3+4)^2=1^3+2^3+3^3+4^3$です．古代ギリシャの数学者ニコマコスによると，最初のn個の数の和の平方は最初のn個のそれぞれの立方の和に等しいです．つまり$(1+2+3+4+\cdots+n)^2=1^3+2^3+3^3+4^3+\cdots+n^3$です．

パーセントの考え方は，100を基礎にしています．セントというのはラテン語の100を意味していました．つまり100に対する比率のことで%の記号で表されます．100%というとすべてのことで，50%というと100に対する50の割合つまり半分になります●.

そのほか100はメートル法や通貨の単位にも見られます．1ポンドは100ペンス，1ドルは100セントです．温度計の100℃は水が蒸発する沸点です．Cはローマ数字でも'centum'にちなんで100となります▲.

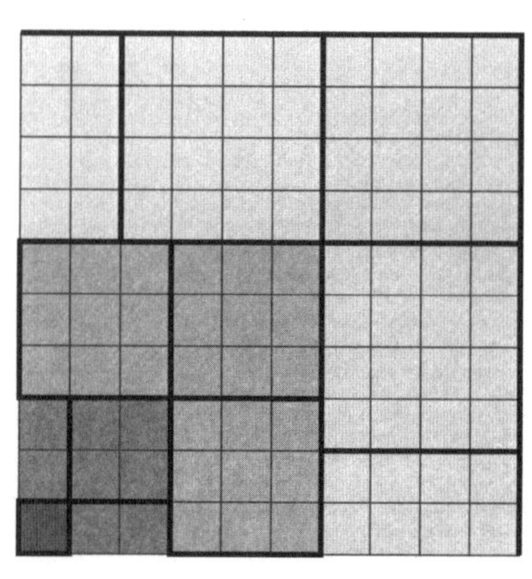

$100=10^2=(1+2+3+4)^2=1^3+2^3+3^3+4^3$の図形的証明

?! 59 101

101は前から読んでもうしろから読んでも同じです．このような数を回文数といい，それが素数の場合は回文素数といいます．11以外のすべての回文素数は奇数個の数字でできています．もし偶数個でできていれば11で割り切れるから素数になりません．

一つの数 a の逆数は 1/a です．素数の 101 の逆数は 1/101＝0.00990099… で，どこまでも4個の数 0099 が繰り返されます．これ以外には4個の数が繰り返される逆数を持つ素数はありません．同じく素数の3の逆数は 0.333…，11の逆数は 0.0909…，37の逆数は 0.027027… で，いずれもこれらだけが1個から3個までの数を繰り返します．それで‘ユニーク素数’といいます．3，11，37，101は最初の四つのユニーク素数です．それに対してたとえば41の逆数は 0.0243902439…，271の逆数は 0.0036900369… で両方とも5個の数を繰り返すのでユニーク素数とはいいません．ユニーク素数は100桁の素数の中ではたったの23個しかありません．

五つの続く素数の和 13＋17＋19＋23＋29 は 101 です．四つの素数 2，3，5，7 の2個ずつの積も加えると，(2×3)＋(2×5)＋(2×7)＋(3×5)＋(3×7)＋(5×7) で，やはり 101 です●．

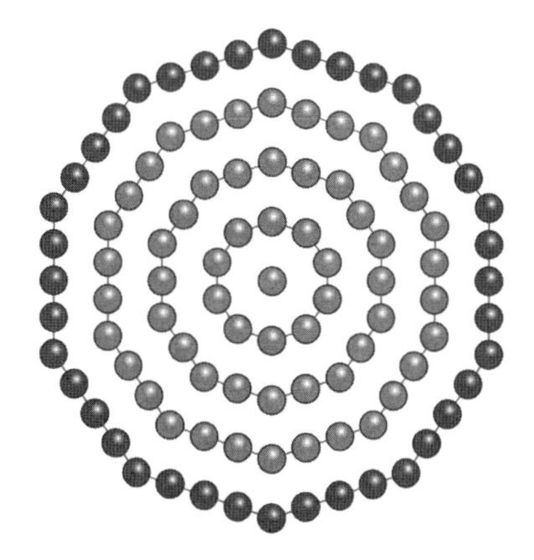

101は10角数です．つまり中心を囲んで放射状に正10角形を作りながら1，10，20，30，40と増える点の合計となります

?! 60 108

108 は $1^1 \times 2^2 \times 3^3$ になった超階乗数といわれる合成数です．また $108 = 27 + 81 = 3^3 + 9^2$ であり $108 = 8 + 100 = 2^3 + 10^2$ でもあって二通りの方法で立方数と平方数の和になっています．

正 5 角形の内角はすべて 108° です．108° では 360° を割り切れませんので，正 5 角形では平面を埋め尽くすことはできません．また，たとえば正 8 角形は正方形と組合わせると平面を埋め尽くしますが，正 5 角形はほかの正多角形と組合わせても埋め尽くせません．ところが球面上なら 12 枚で埋め尽くして，正多面体の一つである正 12 面体を作ります．

どうしても 108° が必要なら，図のように 1 本の紙の帯を 1 回結んで平たく押しつぶせば，正 5 角形の内角として得られます．

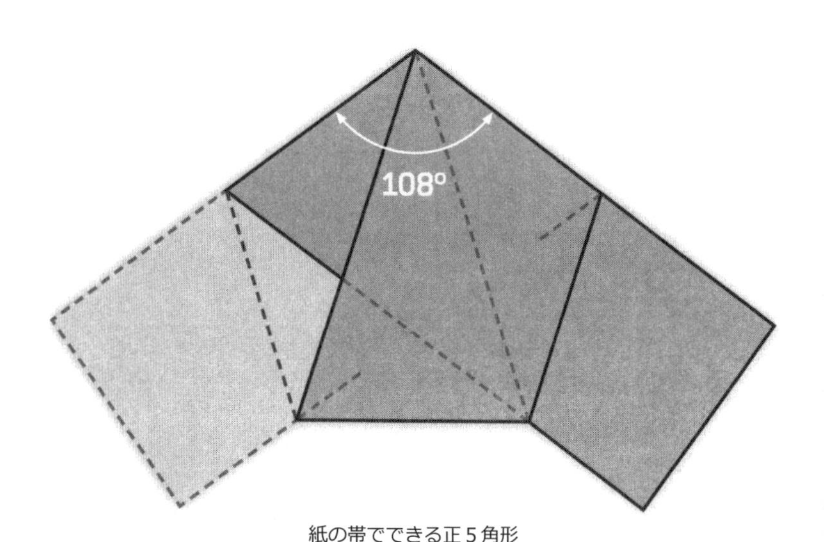

紙の帯でできる正 5 角形

?! 61 112

コンパスと目盛りのない定規だけを使うのでは，与えられた円をそれと同じ面積の正方形に描き換えることはできません．これは古代ギリシャ時代以来有名な作図不可能問題です．

それに対して，コンパスと目盛りのない定規だけで，与えられた正方形を小さな正方形に分割するとなると話はちょっとおもしろくなります．その場合，小さい方の正方形が同じ大きさなら碁盤目を描くようなもので問題になりません．それで，数学者は，小さな正方形はすべて異なる大きさにするうえ，その小さい正方形はどのように組合わせても正方形や長方形にならない正方形分割をしなさい，といい出しました．その問題に対して，1939 年にドイツの数学者のローランド・スプラーグが，一辺 4205 の巨大な正方形を 55 種類の違った大きさの正方形で分割する方法を見つけました．またもっとも少ない正方形で分割するものとしては，図のように，一辺 112 の正方形を 21 個の正方形で分割する方法が知られています．

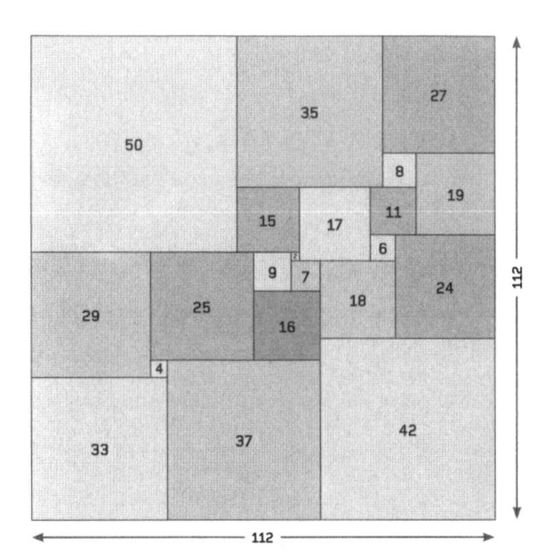

この正方形分割は，一辺 112 の正方形を，大きさの異なる 21 枚の正方形で分割しています．一辺の長さがもう少し小さい 110 のものも 3 種類知られていますが，その場合は，いずれも 22 枚の正方形を使います

?! 62 113

113 は素数ですが，それを作る三つの数字に注目すれば，単独の 1 と 3 も，2 個並べた 11，13，31 も，3 個並べた 113，131，311 もすべて素数です．

数学の世界でまだ解かれていない問題に，ガウスの円問題があります．直交座標軸に従った格子点があるとして，原点 (0, 0) に中心を置く半径 r の円を描いた場合，その円周の内部あるいは円周上に，正あるいは負の整数を座標とする何個の点があるだろうか，という問題で，代数的にいえば，m，n，r を整数とした場合，$m^2+n^2 \leqq r^2$ を満たすすべての m と n を求める問題となります．まず，格子の単位になっている 1 辺 1 の正方形の面積は 1 です．そうすると半径 r の円については，円の面積 πr^2 の近似解は，格子点の数となります．とくに r=6 の場合は $6^2\pi=113.24$ で格子点の数は 113 だから，両者は近似的にはほぼ一致します．ところが他の r について見れば，r=4 の場合は $4^2\pi=50.24$ で格子点数 45，r=3 の場合は $3^2\pi=28.26$ で格子点数 29 となって，格子点のほうが多くなったり少なくなったりして一致しません．この違いの謎解きはまだ誰もできません．

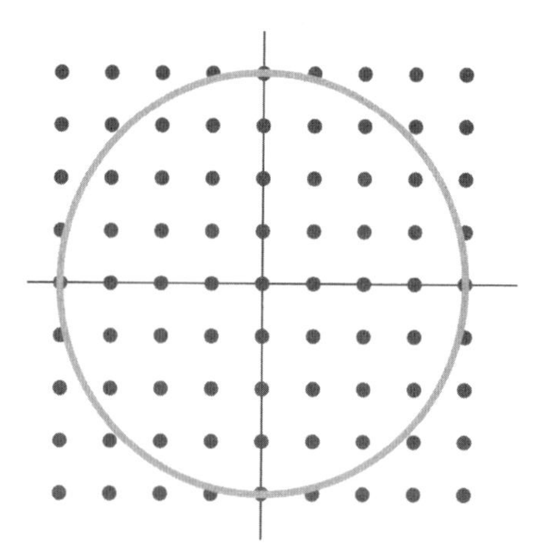

ガウスの円問題．半径 4 の円の場合，内部の格子点は 45 個，円周上の格子点は 4 個

?! 63 120

120はそれ以下の数の中では最大の1, 2, 3, 4, 5, 6, 8, 10, 12, 15, 20, 24, 30, 40, 60, 120の16個の約数を持つ合成数です. 5×4×3×2×1ですから5の階乗数にもなりますが, 平方数の121($=11^2$)より一つ少ないため, 平方数より一つ少ないたった三つしか知られていない階乗数の一つとなっています. このような数がまだもっとあるかどうかはわかっていません●.

また120は, 3の1乗から4乗までの四つの数の和, つまり$3^1+3^2+3^3+3^4$であり, さらに2の3乗から6乗までの四つの数の和, つまり$2^3+2^4+2^5+2^6$であり, 続く四つの連続する素数の和, つまり23+29+31+37でもあります.

1から15までの自然数の合計も120となっています. つまり120は15段になった3角数です. さらに, 最初の8個の3角数の和1+3+6+10+15+21+28+36=120でもあります. ということは, 120は8段になった4面体数になっていて, その数にしたがって球を積むと3次元の最密球配置を見せます▲.

この図のようなかたちをしているサッカーボールは正20面体の頂点まわりを切り取ったかたちをしているので切頂20面体ともいわれます. 対称性の位数は正12面体や正20面体と同じく120で同じかたちに見える方向が120あります

?! 64 144

144は12×12で平方数です．同時にフィボナッチ数でいうと12番目です．0と1を除くと，平方数で同時にフィボナッチ数というのは144だけです．さらに$0(=0^n)$，$1(=1^n)$，$8(=2^3)$と144の合わせて四つだけは2乗以外の累乗になるフィボナッチ数です．また144を作っている数字の和つまり1+4+4=9と積つまり1×4×4=16を掛け合わせると9×16=144となります．こんな変わった数は0と1を除くと144以外に135(=9×15)しかありません．

144はまた1と自分自身も含めて15個もの約数を持つ高度な合成数でもあって，その約数はいろいろなところで役立てられています．たとえば麻雀を見ると，本場の中国ではふつう144個の牌を4人で取り合います．そのうち一人分の牌は34個で，それ以外に使われる数はほとんど144の約数です．つまり3種類の萬子，筒子，索子牌のそれぞれを9個ずつと四風牌，三元牌のそれぞれを1個ずつです．それになぜか余分の8個の花牌が加わって144となります．ただし日本では花牌を除いた136個を使うのがふつうです●.

144は1ダースを1ダース集めた数で，1グロスともいいます．1ダースと1グロスは12進法の10と100になります

?! 65　168

7個の点と7本の線だけで構成される数学上の世界をファノ平面といいます．どの2直線も1点で交わり，どの2点も1本の直線を決め，どの線も3個の点を通り，どの点からも3本の線が出ている，という規則に従うだけの驚くほど単純で対称的な世界です．それでもその規則を守りながら点の並べ方を168通りに変えることができます．

このような世界の空間を，数学者は，射影空間と呼んでいます．この空間は，私たちの住む3次元の空間の景色を，遠くのものは遠くに，近くのものは近くにあるように描こうとしたルネサンス時代の画家たちの透視図つまり遠近法の発見から生まれました．この空間では，決して交わらないといわれていた平面上の平行線は地平線上の‘無限遠’にある1点で交わります●．

こうした射影空間を扱う射影幾何学は，現在では，コンピュータ・グラフィクス，暗号解読，量子物理学などの世界で重要になっています．

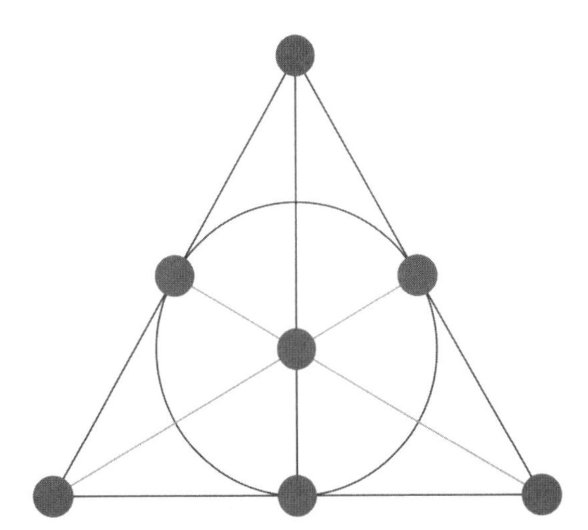

ファノ平面．この図の点は，1本の直線上に3個あり，1個の点を3本の直線が通るようなかたちで，168（$=2^3\times3\times7$）通りに並べ替えることができます．ただし線のうち少なくとも1本はまっすぐな直線にはなりません

?! 66 180

180 は，1 と自分自身も含めると，180 までの中でもっと多くの 18 個の約数を持っていて，非常に内容豊かな合成数となっています．そのうえ，6 個の連続する素数の和 $19+23+29+31+37+41$ であり，それを前の方に少しずらしただけの 8 個の連続する素数の和 $11+13+17+19+23+29+31+37$ でもあります．さらに最初の 2 個の素数の平方の積に同じ 2 個の素数の和を掛けた数つまり $(2^2\times 3^2)(2+3)=36\times 5$ です．$(1\times 2\times 3\times 4\times 5\times 6\times 7)/(1+2+3+4+5+6+7)$ にもなっています．

直線上の 1 点のまわりの二つの角は 360° の半分の 180° ずつです．円周の半分が中心で 180° を張るのと同じです．平面上では，どんな 3 角形の内角の和も 180° です．その逆も正しく，加えて 180° になる三つの正の数の角は必ず 3 角形の三つの内角になります．

ところが 3 角形の内角の和は，球面上では 180° より大きくなり，鞍形面（双曲面）上では 180° より小さくなります．

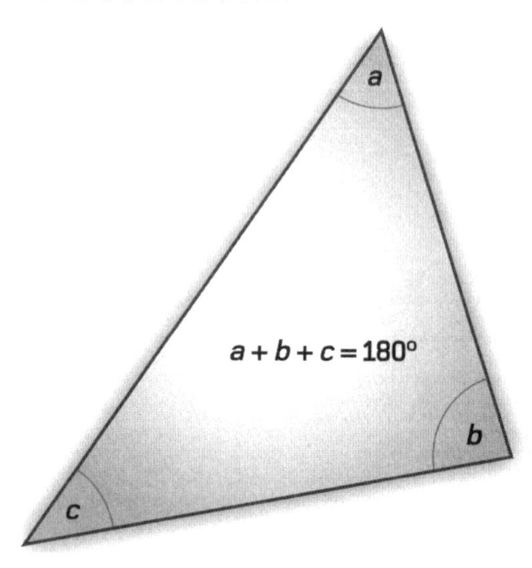

平面上の 3 角形の内角の和は 180°

?! 67 200

ある合成数を作る数字の一つをうまく変えると素数になるものを素数可数といいます．たとえば 125 は 5 を 7 に変えると素数の 127 になり，2863 も 6 を 4 に変えると 2843 という素数になりますからいずれも素数可数です．ところが 200 は素数可数でなく，作っている一つの数をどんなに変えても素数にはなりません．たとえば 10 桁と 100 桁の 2 個の数字をどんなに変えてもすべて 10 の倍数になり，1 桁台の 0 を奇数に変えた数，201，203，205，207，209 もすべて合成数なのです．このような素数可数ではない数のうち 200 は最小です．素数可でない数は無数にありますが，1 の桁が奇数のものは 212159 まで現れません．

素数には姉妹素数ともいえる弱い素数があります．つまりある素数があるとして，作っている一つの数をどのように変えても他の素数に変えることができない素数をいいます．たとえば素数の 41 は 1 を 7 に変えると別の素数の 47 になるから弱くはありません．最小の弱い素数は 294001 です．

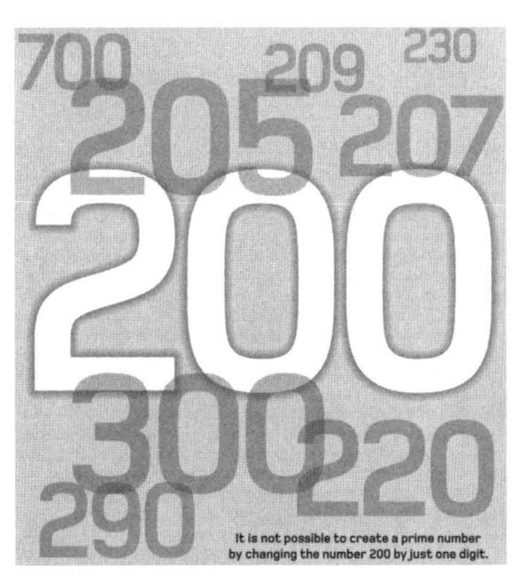

200 は，作っている数の一つをどのような数に変えても素数にはなりません

?! 68 220

220 の約数のうち自分自身を除くものは 1，2，4，5，10，11，20，22，44，55，110 で，加えると 284 となります．おもしろい偶然の一致ですが，その 284 の自分自身を除く約数は 1，2，4，71，142 で，加えると 220 になります．それで数学者は 220 と 284 を友愛数といっています．

友愛数は紀元前 6 世紀ごろのピタゴラス学派の人たちにも知られて以来，今では 10 億ペア以上が見つかっていますが，たとえばペアは無限にあるかどうか，一方が奇数で他方が偶数というペアはあるかどうか，たがいに共通の約数を持たないペアはあるかどうか，などはわかっていません．こうした友愛数の仲間ともいえるのが自らを除いた約数の和が自らと同じになる完全数です．

社交数という仲間もあります．つまり自分自身を除く約数の和について，その和でも同じような約数を考えると，前の約数の和に等しい数がつぎつぎと円を描くように現れて元の数に帰る数のことです．たとえば 1264460，1547860，1727636，1305184 は，4 個組の最小の社交数として知られています．

220 と 284 は最小の友愛数で，そのあとは 1184 と 1210 が続きます

?! 69 230

230は三つの素数2，5，23の積になった合成数です．次の数231も三つの素数3，7，11の積になっています．そのような三つの素数の積が続く数の中で230は最小です．

結晶学の世界では，230は，3次元空間における空間群（結晶群）の総数となっています．空間群というのは結晶が見せるいろいろな対称性のすべてをまとめたものです．その2次元版が17種類の壁紙模様です．結晶というのは，3次元空間の中で繰り返し模様を見せながら平行移動しているように見える原子の集まりを意味します．その場合，平行対称性だけでなく，回転対称性や鏡映対称性，さらには回転させたあと鏡映する反転対称性や平行移動させたあと鏡映する平行鏡映対称性も見られます．その場合の回転対称性には2回，3回，4回，6回が加わっているのに5回対称性は見られません．

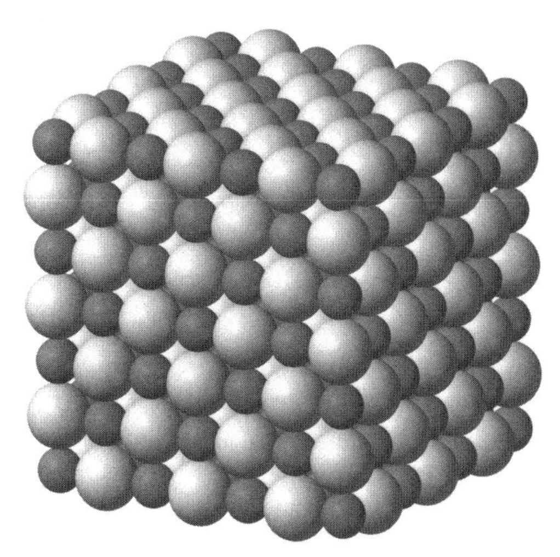

230の空間群の一つを見せる塩（塩化ナトリウム）の分子構造．白い球は塩化物イオン，灰色の球はナトリウムイオン

?! 70 248

対称性は私たちが宇宙を理解するための基礎的な道具で，物理学上の法則を変えない何らかの変換を意味します．たとえば，物理の法則は，空間と時間の対称性のおかげで宇宙の中のどんな場所でもどんな時代でも変わらず，回転の対称性のおかげで空間のどんな方向を見ても変わりません．こうした対称性は，自由な角度で滑らかに回転し，一つの点から別の点へ連続的に滑らかに移り変わります．このような考え方を，数学の世界では，リー群という名前で説明します．

リー群のほとんどはいくつかの族に分けられますが，例外的なものが五つあって，それらは E_6，E_7，E_8，G_4，F_4 と名付けられています．そのうち E_8 はもっとも大きく複雑です．248 次元の広がりを持っていて，その中の各点は 248 個の座標を持ちます．標準的なリー群は物理の世界で標準モデルとか保存則とかいわれる原理を説明するために使われますが，その中で E_8 は超弦理論や超対称性の理論に現れます．それだけに，いつか，重力理論と量子力学の統一への道を開くと期待されています●．

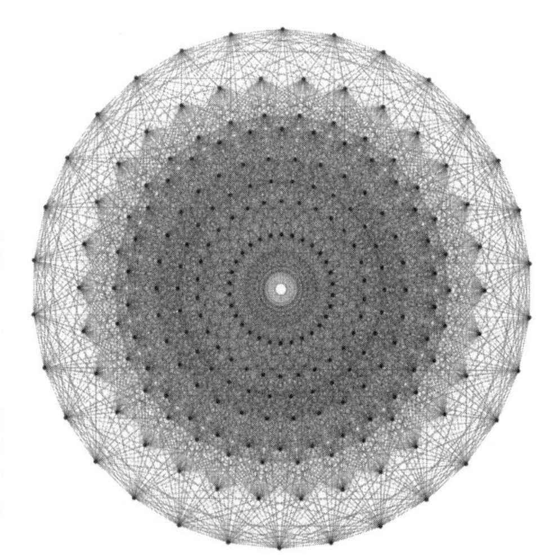

248 次元の E_8 を理解する糸口になる多胞体▲．頂点が 240 個あり，図ではそのうち 30 個ずつが 8 重の円周上に並んでいます．各頂点は，ゴセットの多胞体といわれる 8 次元の多胞体の 8 個の座標と，それとは別の 240 個の座標を持っていて，合わせて 248 次元の多胞体の投影を見せます

?! 71 249

3次元空間の中で絡んだヒモのことを結び目といいます．それが19世紀の数学の世界で一つの研究分野になったのは，スコットランドの科学者だったケルヴィン卿とピーター・ガスリー・タイトが，間違って，原子は結び目で表現されると考え続けていたおかげといわれています．

数学上の結び目は，両端がつながれてひと続きの輪になって絡んだヒモで考えます．そのような結び目が二つあるとして，一方を空間内で滑らしてもう一方と同じかたちにすることができれば，二つは‘同じ’と考えます．またそれぞれは，平面上に押しつぶしたとき，あるいは投影したとき，できる最低個数の交点の数で分類されます．

タイトは，素数に似た素な結び目を一覧表にする計画を進めました．素な結び目は，自分より小さな結び目の組合わせではできません．その結果，タイトは，3交点と4交点の素な結び目は1種類ずつ，5交点は2種類，6交点は3種類，7交点は7種類あることを見つけました．合わせて10交点までの素なものには249種類あります．

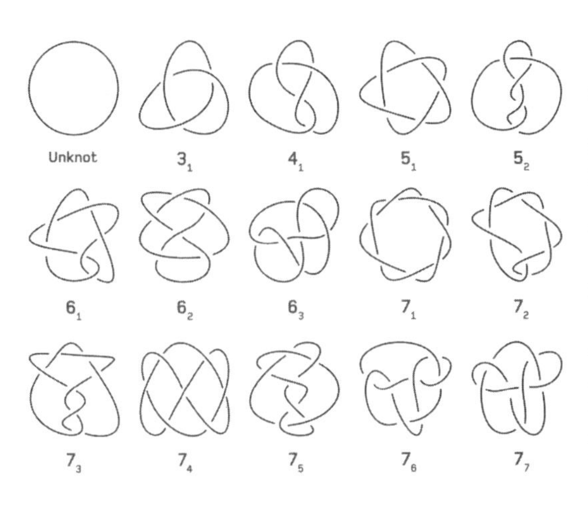

交点数によって分類された最初の3交点から7交点までの15種類の素な結び目．どれもどこか一か所切断するだけで結び目のない1本の線になります．素な結び目を数え上げる一般的な公式はありません．こうした結び目をほどく研究が今熱心に続けられています

?! 72　256

1以外の平方の平方の平方になった最初の数は256です．$256=16^2$，$16=4^2$，$4=2^2$ですから，けっきょく$256=((2^2)^2)^2$となります．あるいは2を8回掛け合わすから2^8と書きます．

コンピュータとの関係では，扱う情報の最小単位のビットは2進法の数で構成されます．1ビットは0と1の組合わせになっていて，コンピュータの中ではスイッチのONとOFFが組合わせられたデータとして蓄積されます．8個のビットを合わせた単位はバイトと呼ばれ，2^8つまり256個の異なる値を表します．たとえば0から255までの0を含めた正の整数などを表します．1バイトは，文章を作るための大文字や小文字，数字，句読点などの指定，さらにはバックスペース，シフト，エンターといったすべての基礎的な操作のためのデータをコード化するのに十分な大きさを持っています．

バイトは，コンピュータの中で自分自身の住所を持つ最小の記憶単位となっています．ちょうど，1件の家のある区画にそれぞれ住所が割り当てられているようなものです．だからこそ，コンピュータのハードドライブの容量はバイト数で示されます

?! 73　270

もしだれかが，三つの直角を持った３角形を描くことができる，といったとしたら，その人は気が狂っていると思われるかも知れません．紙の上の３角形の内角の和はいつも 180° なのに直角を三つも加えると 270° にもなってしまうではありませんか．そんな３角形はありません．紙の上の３角形というのは平面上の２点間を結ぶ最短距離としての直線３本で囲まれた図形で内角の和はいつも 180° です．

それなら平面でなく地球の表面のような球面の上で考えてみてください．２点間の最短距離は球の中心を通る平面による球面の断面，つまり大円，の部分として決められています．角度はその大円が作るため，３角形の内角の和は 180° より大きくなります．大円として，たとえば赤道と，北極あるいは南極を通る２本の子午線（経線）を考え，それぞれの４等分点で交わらせると，８個の球面正３角形が現れ，各頂点には直角が４個ずつ集まることになります．したがって内角の和はそれぞれ 270° となります．このような球面上の３角形は，航海術や GPS システムに取り入れられたり，人工衛星や宇宙船の軌道に影響を与えたりしています．

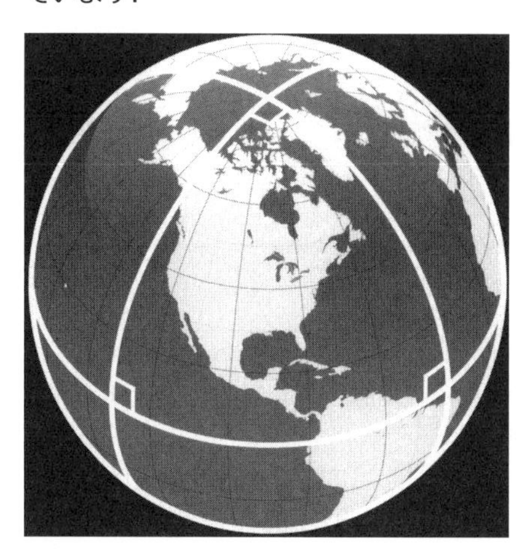

地球上で，北極を出発して子午線上を 1/4 進んで赤道まで下がり，赤道を 1/4 進んで，そこからまた子午線を通って 1/4 進んで北極に帰れば３回曲がって球面正３角形を描くことができます．いつも直角に曲がりますから，内角の合計は 270° となります

?! 74　360

360 は高度な合成数で 24 もの約数を持っています．とくに 7 以外の 1 から 10 までのすべての整数で割り切れる数のうちで最小です．

全円周には 360° という角度が与えられています．なぜかというと，大昔，太陽は 1 日で 1° ずつ動きながら 360 日かかって地球を一周したと考えられたのです．そのころは，正確に 1 年 365 日と数えるよりは，2 でも 3 でも 4 でも割り切れる 360 という数を使う方が都合よかったようです．しかも 360 は 15×24 ですから，今でも 1 日 24 時間を，15° ずつに分けた東経や西経といった経度に従って，世界中の時刻を合わせています．

また 360° は 60°×6 で，全円周を 6 等分します．したがって 6 枚の正 3 角形は，60° の内角を合わせて並べると一つの円の中にぴったり入ります．そういう便利さもあって，古代バビロニア人も数を数えるのに 60 進法を使いました．現在では，天文学や地理学で，円周上の 1 度は 60 分に分けられ，さらに 1 分は 60 秒に分けられています．

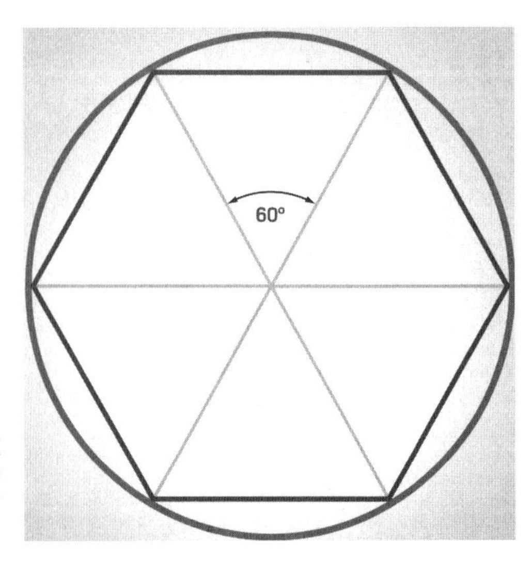

全円周の 360° は 6 枚の正 3 角形の 6 個の 60° の内角を張る角になっています

?! 75　511

数学者のポール・エルデシュ（1913-96）は，歴史上最多ともいえる 1500 篇を超える論文を発表しました．ただしその多くは他の数学者との共著でした．それにちなんで‘エルデシュ数’という言葉ができています．つまり，エルデシュ本人と共著の論文を出した人にはエルデシュ数 1 が与えられ，エルデシュ数 1 の人と共著の論文を出した人にはエルデシュ数 2 が，エルデシュ数 2 の人と共著の論文を出した人にはエルデシュ数 3 が与えられます．エルデシュ数が小さいほど立派な数学者となるのです．エルデシュ数 1 の人は 511 人います．この本の著者はエルデシュ数 5 ですが，5 はすべての数学者の平均値になっています．

俳優たちも‘ケビン・ベーコンの 6 階級’と呼ばれる同じような自慢話に花を咲かせています．映画に出ずっぱりの俳優のケビン・ベーコンと同じ映画に出た人にはベーコン数 1 が与えられ，ベーコン数 1 の人と同じ映画に出た人にはベーコン数 2 が，ベーコン数 2 と同じ映画に出た人にはベーコン数 3 が与えられます．じつは世界中で何人かはエルデシュ数とベーコン数を加えたエルデシュ・ベーコン数を持っています．ナタリー・ポートマン，コリン・ファース，クリステン・スチュワートなどです．

ハンガリーの数学者ポール・エルデシュは一生の大半をスーツケースも持たずに他の数学者の家に滞在して過ごしました．「次の屋根（roof）で次の証明（proof）」というのがエルデシュの口癖でした

?! 76　561

561 は 3 × 11 × 17 で合成数です．この数は素数に似たカーマイケル数の最小として注目されます．カーマイケル数というのは少なくとも 3 個以上の素数の積になっているにもかかわらず，フェルマーの小定理が当てはまるかどうかテストしてみるとあたかも素数のように見えるためフェルマーの疑似素数ともいわれます．

フェルマーの小定理というのは，一つの数 q が素数であるかどうかテストする定理です．つまり適当な数 b を考えて $b^q - b$ を計算します．その答が q の倍数なら，q は素数ですが別の b を選んで計算した場合 q の倍数にならなければ q は素数ではありません．カーマイケル数は合成数にもかかわらずあらゆる b についていつも答が q の倍数になって素数のように振る舞うのです．

このような確率的な素数判定は暗号通信の場でふつうに見られます．大きな数の素数判定には膨大な計算が必要だからです．ほかにもいろいろな判定方法がありますが，いつも疑似素数の問題に直面しています．

561 (3, 11, 17)
1105 (5, 13, 17)
1729 (7, 13, 19)
2465 (5, 17, 29)
2821 (7, 13, 31)

フェルマーの疑似素数としての最初の五つのカーマイケル数とその因数（約数）

?! 77　600

3次元の多面体の4次元版が多胞体 ?! 70 で，そのうちとくに対称的で整ったものが，5種類の正多面体の4次元版としての6種類の正多胞体です●．そのうちの一つが正600胞体です．合わせて600個の3次元の正4面体を，側面を合わせながら，どの頂点まわりにも20個，どの稜線まわりにも5個集めた多胞体です．頂点は120個あります．3次元の正20面体の4次元版です．このような正600胞体は3次元空間への投影によって見ることができます．その場合正4面体は少し歪みます．3次元の正4面体を2次元の面の上へ投影すると側面の正3角形が歪むのと同じことです．

正600胞体の双対は正120胞体で，合わせて120個の3次元の正12面体を，側面を合わせながら，どの頂点まわりにも4個，どの稜線まわりにも3個集めた4次元正12面体となっています．頂点数は正600胞体を作る正4面体の数と同じく600個となっています．

正600胞体と正120胞体に相当する図形は5次元以上の空間にはありません. 正多胞体に相当する図形は5次元以上のn次元空間には, n次元正4面体，n次元立方体，n次元正8面体の3種類しかありません▲．

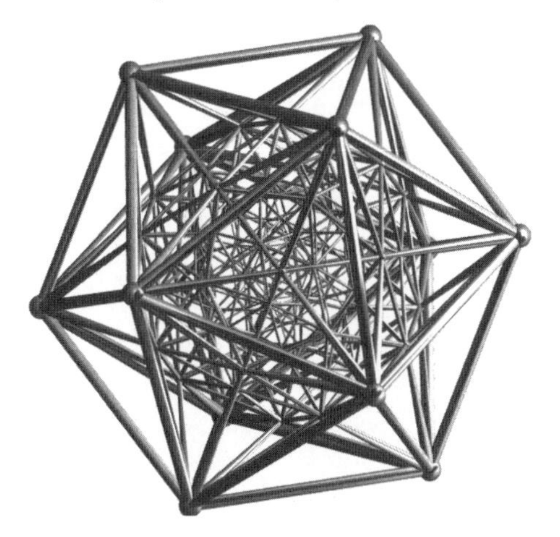

4次元の正600胞体の4次元透視図（立体模型）

?! 78 666

古代ローマ人は，数字を，ⅠとかⅤとかⅩといったアルファベットを並べて表しました．現在でも，時計の文字盤の数字や，ジョージⅥ世といった君主の名前に使われています．このローマ数字は，1をⅠ，5をⅤ，10をⅩ，50をL，100をC，500をD，1000をMとして，数の大きさの順に左から右へ並べて書きます．たとえば1019は1000+10+5+1+1+1+1と考えてMXVIIIIと表します．ただしのちには簡略化されて，IIIIやVIIIIはⅣやⅨと書かれるようになりました．

その中で666は，すべての記号をちょうど1回ずつ使うDCLXVIとなります．また最初の7個の素数の平方の和4+9+25+49+121+169+289となっていることで数学上おもしろいです．

なぜかこの666がキリスト教神秘主義の世界では新約聖書のヨハネ黙示録に由来して‘獣の数’とされ，悪魔の数，人間の数ともいわれて恐れられ，‘666恐怖症’という言葉を生みました●．

時計に見るローマ数字

?! 79　871

何でもいいですから，自然数を一つ考えてください．それがもし偶数なら2で割ってください．もし奇数なら3を掛けて1を加えてください．その計算をどんな数からでも続けると，最後はいつでも1になります．たとえば3で始めると，3，10，5，16，8，4，2，1となり，4で始めると4，2，1となり，5で始めると5，16，8，4，2，1となります．つまりどんな数から初めてもいつも1になるようです．これまでに2^{68}まで調べられましたがすべて正しいです．1000より小さい数でいえば，871が最多の個数の178個の数を作って1になります．

すべての自然数に関するこのおもしろい性質は1937年に見つけられたもので‘コラッツの予想’といわれています．数学上はむずかしい問題で，証明はまだされていません．というのは，うまく計算を終えられない二つの心配があるのです．一つは数の並びが無限に続くかもしれないこと，もう一つは同じ数の並びが円を描いて循環してしまうことです．この恐れから逃れることはまだだれもできません．

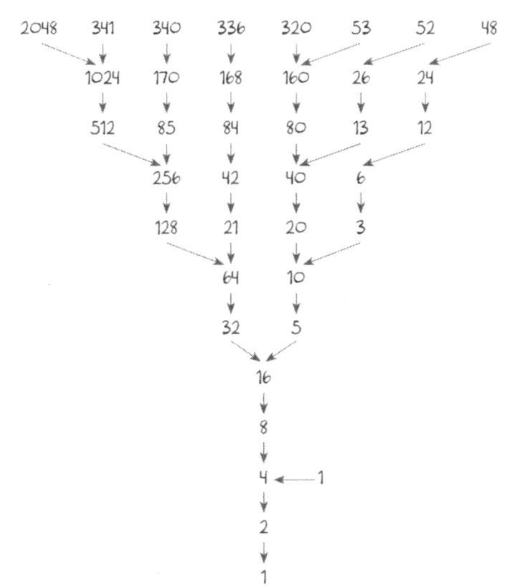

コラッツの予想を見せる数の並び．この予想は‘3n＋1予想’ともいわれています

?! 80　999

3桁の数のうち最大の 999 は，多くの国の緊急電話の番号になっているように，数学上も注目される性質を持っています．

たとえば，少なくとも二通りのおもしろい方法で三つの素数の和となります．一つは，149+263+587 となることです．よく見ると1から9までの数がちょうど1個ずつ加わっています．このような合計を‘パンデジタル合計’といい，3桁の素数によるパンデジタル合計を見せる数の中で 999 は最小です．

もう一つは，271+331+397 となることです．この三つの素数は，キューバとは何の関係もありませんが，いずれも連続する二つの立方数の差になっていて‘キューバン素数’といわれます．つまり $271=10^3-9^3$，$331=11^3-10^3$，$397=12^3-11^3$ です．しかも 999 だけは，三つの連続するキューバン素数の和になっています．

また，9+9+9=27 で，2+7=9 ですが，その 27 を 37 倍，つまり 4^3-3^3 となったキューバン素数倍，すると 999 となります．

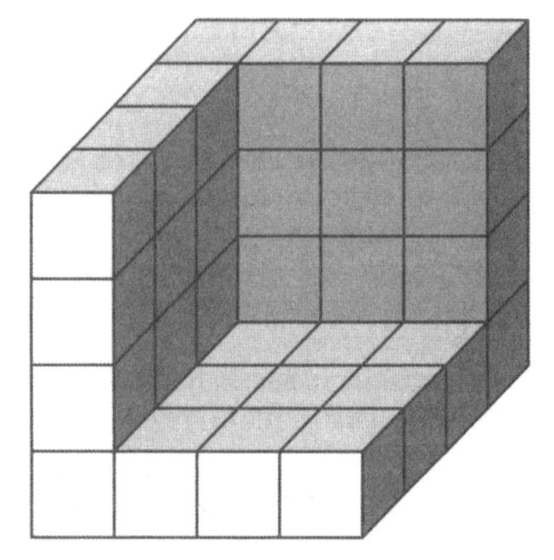

連続する二つの立方数の差はキューバン素数．たとえば，4×4×4の立方体から3×3×3の立方体を除けば，$4^3-3^3=64-27=37$ だから 37 はキューバン素数．そのうえ 27×37=999

?! 81 1000

1000は10進法の世界では最初の4桁数です．ローマ数字ではラテン語のミル（mille）にちなんでMで表されます．このラテン語からはミレニアム（millennium．1000年間）とか千本足の虫ヤスデのミリピード（millipede）という名前が生まれています．ギリシャ語では1000をキリオイ（khilioi）といって，私たちが使うキロ（kilo-）という言葉を生みました．たとえば，1キロメートルは1000メートル，1キログラムは1000グラム，1キロワットは1000ワットです．

ところがご用心，1キロビットはしばしば1024ビットを意味します！　なぜでしょうか．1024は2の10乗です．コンピュータの世界では，2進法を使っているため，2の累乗で計算します．その場合，10進法の1キロビットつまり1000ビットと2進法の1キロビットつまり1024ビットはあまり変わりません．ところがメガビット，ギガビット，テラビットに話が及ぶと誤差は非常に大きくなります．たとえば10進法で1メガビットつまり1,000,000ビットは2進法では2^{20}=1,048,576ビットとなります．その混乱を避けるため，10進法で1000ビットを1キロビットというときは小文字を使ってkbと書き，2進法で1024ビットを1キロビットというときは大文字を使ってKbと書くことになっています．

ヤスデは200本ぐらい，多くても700本ぐらいしか足を持たないのに，ラテン語のmille（1000）にちなんでミリピード（millipede．千本足）といわれます．よく似た，もっと足の数の少ないムカデ（百足）はラテン語のcentum（100）にちなんでセンチピード（centipede）となります

?! 82 1089

たとえば 745 のように，左端と右端の数が 2 だけ違っている 3 桁の数を考えてみてください．つぎにそれを 547 のように左右逆にして，それと元の 745 から引いてください．そうすると，いつも 198 となりますのでそれをまた左右逆にして 198+891 を計算してください．おもしろいことに，答はいつも 1089 になります．左端と右端の数が 3 だけ違っているときは，いつも 297+792 になり，4 だけ違っているときはいつも 396+693 になって，答はやはり 1089 で変わりません．5 以上違っていても同じことです．びっくりするようなこの計算は，いろいろな手品や奇術の奥の手に使われています．

種明かしをすると，上にあげたいくつかの例の最後の足し算の結果は，いつも 100 の位は 9，10 の位は 9+9=18，1 の位は 9 となり，そのうち 10 の位の 1 を 100 の位の 9 に繰り上げて 10 にすると答はいつも 1089 になります．

数学的にいうと，1089 には隠れた対称性があって，1089 と 1 から 9 までの数の積には図に示すような，他のすべての数を仲間にする性質があります．答になっている 1000 の位と 100 の位の数を見ると乗数が 1 から 9 に増えるにしたがってそれぞれ 1 から 9 まで 1 ずつ増え，逆に 10 の位と 1 の位の数は 9 から 1 まで 1 ずつ減っています．しかも乗数が 1+9 や 2+8 のように加えて 10 になる場合の答は 1089 と 9801 や 2178 と 8712 のように左右対称になっています●．

1 × 1089 = 1089 ↔ 9 × 1089 = 9801

2 × 1089 = 2178 ↔ 8 × 1089 = 8712

3 × 1089 = 3267 ↔ 7 × 1089 = 7623

4 × 1089 = 4356 ↔ 6 × 1089 = 6534

5 × 1089 = 5445 ↔ 5 × 1089 = 5445

1089 に 1 から 9 までを掛けた結果

?! 83 1260

20 世紀末，数の世界にヴァンパイア数という怪物が現れました．アメリカの数学者クリフォード・ピックオーバーが考え出したもので，偶数個の数字からなる合成数について，それを半分ずつの数に分けるように因数分解つまり約数に分解したとき，たとえ順番は違っても，もとと同じ数字が並ぶ数のことです．その最初の例が 1260 で，それを半分ずつの数に因数分解すると 21 と 60，42 と 30，84 と 15 になりますが，そのうち 21 と 60 の場合，21 の順番を変えて 12 として 60 と合わせると元の数 1260 となります．この場合の 21 と 60 をヴァンパイア数の牙といいます．この牙が両方とも 0 で終わることは許されません．あまりおもしろくないからです．たとえば 126000 は因数分解すると 210×600 になり，牙は 21 と 60 にそっくりになります．

いくつかのヴァンパイア数は二組以上の牙を持ちます．たとえば 125460 は 204×615 あるいは 246×510 となるヴァンパイア数です．牙自身もヴァンパイア数となる二重ヴァンパイア数もあります．たとえば 1047527295416280 は 25198740×41570622 となりますが，25198740 も 41570622 もヴァンパイア数です．167×701 となる 117067 は牙同士が素数のヴァンパイア素数です．

ヴァンパイア数

?! 84 1729

3 番目のカーマイケル数?! 76であり，19×91 にもなっている 1729 には，イギリスの数学者 G. H. ハーディとインドの数学者スリニヴァーサ・ラマヌジャンにまつわる有名な話があります．

ある日，ハーディはロンドンの病院にいたラマヌジャンの病気見舞いに行きました．そのとき乗ったタクシーの番号が 1729 で，ハーディはラマヌジャンに，退屈な番号のタクシーに乗ってきた，とこぼしたところ，聞くや否や，ラマヌジャンは，とんでもない，すごい番号だ，2 個の正の立方数の和として二通りに表すことのできるもっとも小さい数だ，と言ったのです．実際に，1729 は 1^3+12^3 であり 9^3+10^3 にもなっています．

その後，数学者たちはこの数を一般化して，二つの立方数の和として n タイプに表される最小の自然数を n タイプのタクシー数といっています．つまり 1729 は 2 タイプのタクシー数なのです．1 タイプは 1^3+1^3 以外には表しようのない 2 です．3 タイプは 87539319 で 167^3+436^3，228^3+423^3，255^3+414^3 となっています．現在までにわかっているのは 6 タイプまでです．

G. H. ハーディ（左）とスリニヴァーサ・ラマヌジャン（右）．n タイプのタクシー数は n タイプのハーディ-ラマヌジャン数ともいわれています

?! 85 1936

1852 年のある日，イギリスの地図を見ながら国ごとに色分けしていたガスリーは，境界線を挟む国同士を違う色で区別するには４色あれば充分ではないか，それはどの地図にも当てはまるのではないか，ということに気づきました．のちに４色問題として有名になった予想です．

この予想は地図に限らず，いろいろな部分に区分けされた平面図形すべてについても考えられました．３色では塗り分けられないことはすぐわかりますが，５色が必要な地図があるかどうかを調べるのはむずかしく，その後 100 年以上ものあいだ確かめることはできませんでした．

そんな中の 1976 年，アッペルとハーケンは４色で充分であることの非常に議論の余地のある証明を発表しました．ふつうの数学的な論文による常識的な証明でなく，代表的な 1936 か国からなる地図についてコンピュータで 1000 時間以上計算させて確認したのです．現在，この証明は数学界でも認められ，国の数も 633 に整理されました．コンピュータを使わない証明はまだ見られません．

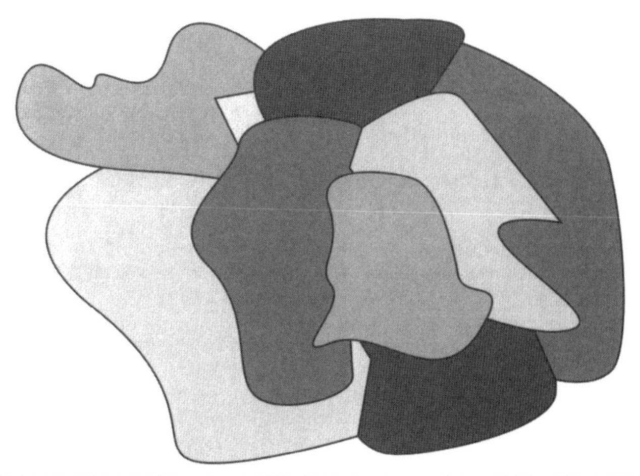

境界線を挟む国同士を違う３色では塗り分けることのできない地図．どんな地図でも４色あれば塗り分けられます

?! 86 2047

2^n-1 となった数をメルセンヌ数 M_n といいます．つまり 2 の累乗より 1 だけ少ない数のことです．その中でもとくにおもしろいのは素数になったメルセンヌ素数です．メルセンヌ素数は，n が素数でない限り素数にはなりません．ただし，n が素数だからといって M_n が素数になるとは限りません．たとえば n が素数なのに M_n が素数でない最初の素数は $n=11$ のときの $M_{11}=2^{11}-1=2047=23\times 89$ です．

フランスの修道僧で最初にこの数を考えたマリン・メルセンヌは M_{11} が素数でないことを知っていました．それなら M_n が素数になる n にはどんなものがあるかと思ったメルセンヌは，2，3，5，7，13，17，19，31，67，127，257 のときについて調べいずれも正しいと主張しました．残念ながらこの一連の数には 67 と 257 の場合は素数にはならないことと，61，89，107 の場合は素数になるのにそれを見逃していたという二つの間違いがありました．ですがメルセンヌに敬意を表してメルセンヌ数という言葉は今でも使われています●.

マリン・メルセンヌ．メルセンヌ数についての研究は現在も続けられていて，最近では，知られている最大までの 8 個はすべてメルセンヌ素数になっていることがわかっています

?! 87 3435

$3435=3^3+4^4+3^3+5^5$ となっていますが，このように自らを作る数字を自らと同じ数だけ累乗した，つまり‘自分で自分を持ち上げた’，数の和となっている数をミュンヒハウゼン数といいます．$1=1^1$ を別とすると，3435 はたった一つのミュンヒハウゼン数です．ただし議論の余地はありますが，$0^0=0$ とすると，0 と 438579088 も加わります．

このように自分自身に関係する数にはナルシシスト数というのもあります．池の水に写った自分の顔に惚れこんで池に飛び込みおぼれ死んで水仙になったという美少年にちなむ数です．ナルシシスト数はその数を作る各数字を，数字を作っている桁数と同じ数だけ累乗した数の和となっています．たとえば3桁の 153 は $1^3+5^3+3^3$ となりますからナルシシスト数です．3 桁のナルシシスト数はそのほか 370，371，407 があります．2 桁はなく，1 から 9 までの 1 桁の数は 1^1，2^1，3^1 などですからすべてナルシシスト数です．4 桁以上のものを合わせると全部で 88 個あります．最大は 39 桁です．ミュンヒハウゼン数が 1 個，無理しても 2 個しかないのに比べると非常に多いです．

ミュンヒハウゼン男爵．ミュンヒハウゼン数という変わった名前は，池におぼれかけたミュンヒハウゼン男爵がポニーテールに結った自分の頭髪を自分で‘持ち上げて’助かろうとしたという逸話に基づいて，2009 年にダーン・ファン・バーケルが付けたものです

?! 88　5050

伝わっている話によると，大数学者カール・フリードリッヒ・ガウスが 10 歳のときのこと，通っていた学校の先生が急用のためちょっと外へ出ることになり，その留守中，生徒に時間をかけて解かそうとして，1 から 100 までのすべての数の合計を求める問題を出しました．ところがガウスはわずか 1 分で 5050 という正解を出したのです．先生はガウスが本を盗み見したのではないかと疑いましたが，実は非常にうまい方法で計算したのでした．

ガウスが使った方法はつぎのようなものでした．つまり 1 から 100 までを横 1 列に書き，そのすぐ下に 100 から 1 までを，1 の下には 100 がくるというように逆の順に横一列に書いて上下を足すとすべて 101 になります．それが横に 100 続くことになりますから合計は 10100 になり，それを半分に割れば，先生の求めていた答の 5050 になります．

一般に，1 から n までの数の合計は $n(n+1)/2$ となりますが，これは 3 角数になっています．

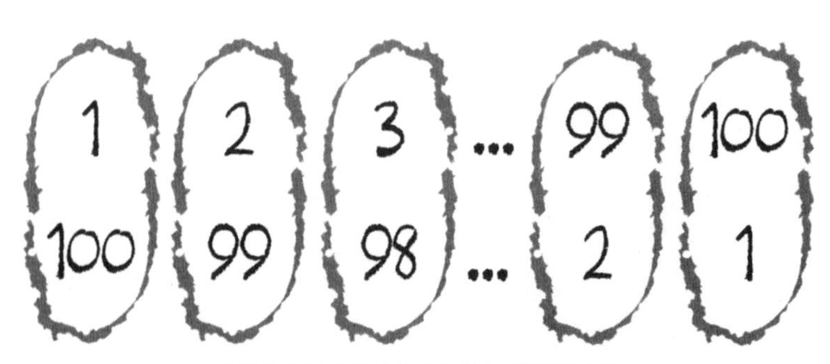

1 から 100 までの合計を求める簡単な方法

?! 89 6300

20 世紀のオランダの画家ピエト・モンドリアンは大きな長方形を小さな長方形に分割する抽象画で有名でした．このモンドリアンの絵は‘モンドリアンのアート・パズル’といわれる数学の世界の未解決問題に関係するおもしろいパズルを生んでいます．

いま，10×10 の正方形で作られた碁盤目を，図に示すように，正方形の個数（つまり面積）の違ういくつかの長方形あるいは正方形に分割したとします．その場合，分割部分に含まれている正方形の数の最大と最小の差をその分割の得点とします．問題は，この得点を最小にすることで，正方形の個数がすべて異なるときの最小は図の場合の 25－10＝15 です．個数が同じでもかたちが違っていればよいとすれば得点はもっと小さくなります．得点が 0 になることがあるかどうかも分かっていません．

よく似た分割に，一つの正方形を，同じ面積の異なるかたちの長方形で分割する‘ブランシェの分割’というのもあります．たとえば 1 辺 210 で面積 44100 の大きな正方形を，面積 6300 の 7 個の，かたちの違う長方形に分割するのですが，そのうち 6 個の長方形の辺は無理数になっています．したがってすべての辺の長さが自然数になるモンドリアンのパズルとは違います．

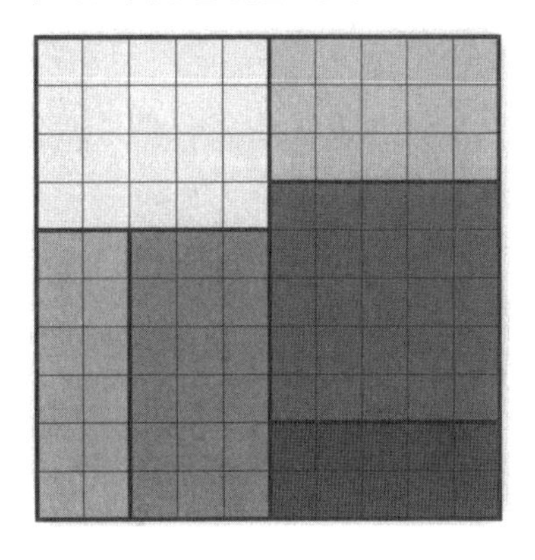

モンドリアンのアート・パズル．図のように異なる数の正方形でできる長方形あるいは正方形で分割した 10×10 の碁盤目の得点の最小は図の 25－10＝15 となります．ところが正方形の数が同じでもよければ最小は 8 となります．どのように分割しますか●

?! 90 8191

メルセンヌ素数 M_n は，n を素数とした場合，2^n-1 で表されます．その 5 番目は n = 13 の場合の $M_{13}=2^{13}-1=8191$ です．

メルセンヌ素数のむずかしいところは，すべての素数 n がメルセンヌ素数 M_n を作るとは限らないところにあります．たとえば M_{11} は 11 が素数なのに 23 × 89 となっていて素数ではありません．それに対して n としてメルセンヌ素数 M_n を使えば M_{M_n} は素数になりそうな予感がします．実際に，n が 2，3，5，7 のときはうまくいきます．ところが悲しいことに，n が 13 のときの M_{8191} は素数ではありません．

n を M_n とするときの素数は二重メルセンヌ素数といわれていますが，上記の n = 13 より大きい場合の二重メルセンヌ素数はまだ見つかっていません．現在は n = 61 の場合について調べようとしていますが，700 兆もの数はあまりに大きくてうまく調べる方法がなかなか見つかりません．

5 番目のメルセンヌ素数

?! 91　26861

2以外の素数は，すべて，4で割ると1か3が余ります．たとえば5や13を割れば1余り，3や7を割れば3余ります．それで数学者はそれぞれを4n+1と4n+3で表します．

こうした素数は無限にありそれを全部数えたとすると，ちょうど半分は4n+1の仲間で，残りの半分は4n+3の仲間のように思われます．ところが，中間集計していくと，たいていの場合，4n+3の方が少し多いことに気づくはずです．4n+1の方が勝つのはようやく26861になったあとです．といってもそれは束の間です．26863は4n+3の仲間で，そのあとふたたび4n+3が616841まで勝ち続けます．J. E. リトルウッドが証明したところによると，この競争で両サイドの入れ替わりは無限回起ります．その中で4n+3が正確には何回先に立つかを知ることは，今のところ，リーマン予想?! 186が受け入れられるとき可能になるとされています．

4n+1と4n+3の素数の争い

?! 92 53169

オンライン整数列大辞典 OEIS は整数列のオンライン・データベースです．1965 年にアメリカの数学者ニール・スローンが数列の収集を始め，現在では 30 万個以上が集められて，それぞれに A に続く 6 桁の識別番号が与えられて整理されています．

集められた数列の中には OEIS のデータベースにあるかないかという数列もあります．A053169（略して A53169）もその例です．この数列は，識別番号 n の数列 A_n の中にはない数だけで作られます．ところが，もしそうだとすると困ったことが起ります．A53169 の中に 53169 はあるだろうか，という問題です．もしあればこの数列にはないはずです．もしなければこの数列にあるはずです．これは 1901 年にバートランド・ラッセルによって言い出された，集合論の新しい分野における有名な‘ひげ剃り’パラドックスと同じようなものです．

A53873 にも同じような問題があります．これは数列 A_n に含まれるすべての数で作られています．したがって 53873 という数はあってもなくてもこの数列に含まれていることになります．

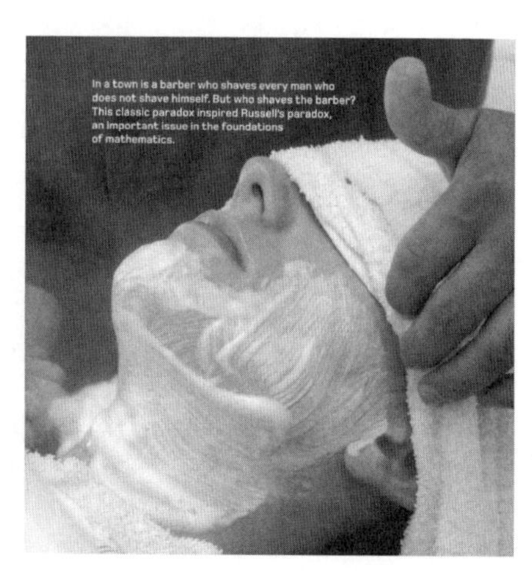

In a town is a barber who shaves every man who does not shave himself. But who shaves the barber? This classic paradox inspired Russell's paradox, an important issue in the foundations of mathematics.

ある町の床屋は，自分でひげ剃りのできない人のひげだけを剃ります．ではだれがその床屋のひげを剃るのでしょうか．もし床屋自身，自分でひげ剃りできるなら剃りません．自分でひげ剃りできないなら自分で剃るしかありませんが剃れません．この古典的なラッセルのパラドックスは数学の基礎に横たわる重大問題です

?! 93 65536

17 個だけの約数を持つ最小の数が 65536 で，2 の 16 乗つまり 2^{16} になっています．ところが，鋭い目を持っている方なら，この 16 自身 2^4 になっていることに気づいたはずです．さらに 4 自身 2^2 になっています．つまり 65536 は図のように 2 の‘累乗タワー’になっています．

この 2 乗の 2 乗の 2 乗になった数は，a＋b（加算），a×b（乗算），a^b（累乗）につぐ，累乗数を指数として計算されます．この計算を‘テトレーション’といい，図の場合は $^{4}2$ と書きます●．巨大な数を表す方法で，代替案としてクヌースが 1976 年に出した‘クヌースの矢印表記’では，65536 は 2↑16，あるいは 2↑2↑2↑2 とか，2↑↑4 とか，2↑↑↑3 で表されます．

65536 は，6，5，3 の三つの数字で作られていますが，2^4 であるにもかかわらず，1(=2^0)，2(=2^1)，4(=2^2)，8(=2^3) は含まれていません．こんな数はたぶんこれだけです．これまでに 2^{31000} まで調べられましたが，見つかっていません．ひょっとしていつか見つかるかもしれませんが．

2の累乗タワー

?! 94 65537

2の累乗より一つ多い素数である65537はフェルマー素数です．このタイプのすべての素数は図のように表され，nが4の場合に65537となります．フェルマー自身はフェルマー素数は無限にあると予想しましたが，現在知られているものの最大がこの65537なのです．

65537はフェルマー素数ですから，よく知られているように，正65537角形はコンパスと目盛のない直線定規だけを使って作図できます．そのことは1894年にヨハン・ギュスターブ・ヘルメスによって確かめられました．どのようにして作図するかについては，ヘルメスが10年かかって200頁のノートにまとめています●．

1977年に設計された，桁数が大きい合成数の素因数分解を使った公開鍵暗号としてのRSA（Rivest-Shamir-Adleman）暗号方式?! 121では，65537が大活躍しました．フェルマー素数は2進法の世界では非常に使いやすいからです． 3などといった小さなフェルマー素数も使われていますが，安全性は65537がはるかに高いです．

フェルマー素数

?! 95

78498

数全体の中で素数はどのように分布しているかをおおよそ知ることは数学上非常に大切です．

いま，ある数 x についてそれ未満の数の中の素数の数を $\pi(x)$ とします．たとえば 10 未満の数の中で素数は 2，3，5，7 の 4 個ですから $\pi(10)$ は 4 です．10 倍の $\pi(100)$ は 25 ?! 3 です．では数 x を 2 倍にした場合，$\pi(x)$ も 2 倍になるでしょうか．この問題の答をいち早く出したのはガウスで，1793 年のことでした．まだ 16 歳にもならないのに，かなり高い精度の答が出る $\pi(x)=x/\log_e x$ という公式を考えたのです．$\log_e x$ というのは x が自然対数 e（＝2.718）の何乗になっているかを示す数で，それによると，たとえば 100 万以内には 72382 個あることになります．正しくは 78498 個で，いい近似値です．これは現在ではガウスの素数定理として知られている考え方で，x が何倍増えても素数の数 $\pi(x)$ はその 1/2 倍にしかなりません．つまり素数は大きな数になるに従って少なくなります．

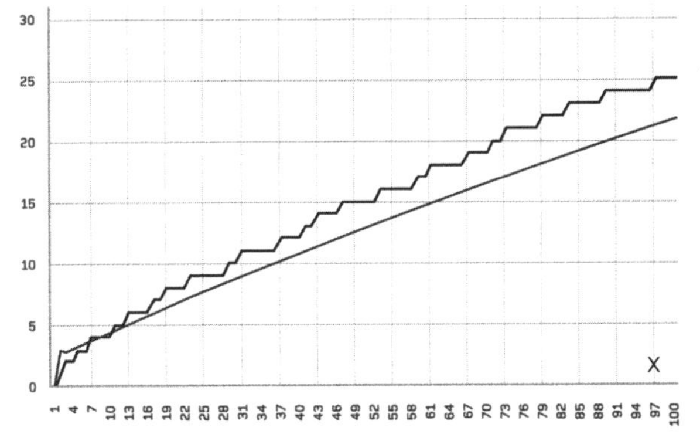

ガウスの素数定理を使って 100 までの素数の数を調べるグラフ．折れ線は実際の数，曲線はガウスの定理 $x/\log_e x$ による数．ガウスの式は，素数が多くなればなるほど実際とは合わなくなります

?! 96 85900

勤め先の勤務時間を終え，大急ぎで郵便局で小包みを出したり，図書館で本を返したり，洗濯屋で洗濯物を受け取ったり，銀行で預金を下したり，果物屋でレモンを買ったりして家へ帰ろうとしますが閉店時間が迫っていて時間がありません．それで，一番近い道を捜さなければなりません．そんな道はどうすれば見つかるのでしょうか．

アマゾンなどでは，このような問題について，毎日，街全体の規模で考え，いたるところに何千何万の荷物や電気を配っています．こうした‘巡回セールスマン問題’といわれる問題は，数学者の間では NP 完全問題の一つとして知られています．これは，簡単にいうと，与えられた時間内に完全に解くことは困難，したがって答を近似するという問題です．この問題はアメリカのクレイ数学研究所が 2000 年に出した七つのミレニアム問題の一つになっています．最大 85900 の場所をまわる場合については延べ 130 年を超える計算時間を使って 2006 年に W. J. クックによって解かれていますが，一般的に解くのは不可能といわれています．

これら 30 都市を結ぶ最短の道を捜すには最速のスーパーコンピュータを使ったとしても，宇宙の年齢よりもっと長い時間がかかります

?! 97 111221

ちょっと悩ましいパズルですが，図に示す数列の続く項目を当ててください．使われている数やその配列には何の数学的な意味もなく，むしろ文学的な‘見て読む（look and say)’数列になっているので，文学とは反対の方向を向いている数学者はいらいらします．

じつは，まず‘1’があって，それを‘1個の1’と読むのが2番目の項，その2番目の項を‘2個の1’と読むのが3番目の項，その3番目の項を‘1個の2と1個の1’と読むのが4番目の項です．同じように考えると，111221は4番目の項を‘1個の1，1個の2，2個の1’と読むことになります．したがって問われている7番目の項は‘1個の3，1個の1，2個の2，2個の1’と読む13112221です．

この数列は，おもしろ数学で有名なジョン・コンウェイによって1986年に作られました．それだけに，数学的とは考えられないこの数列について，数学者たちは深く調べてみました．そうするとおもしろいことがいろいろわかりました．

たとえば，1，2，3以外の数は絶対に出てこないのです．また，最初の1以外は，11，12，13，21，22，23，31，32のどれかの組合わせからできています．コンウェイ自身も，この数列が，どんな数から始まっても，互いに邪魔し合わずにくっついた二つの数列の組合わせでできていることに気が付きました．ただし22から始まる場合は，‘2個の2’としての22が続くだけです．結果として，得られる数列は92種類のユニットで構成されることがわかっています●．

1, 11, 21, 1211, 111221, 312211, …?

見て読む数列

?! 98 142857

142857は連続する数を掛け合わせた場合，答の数が巡回する数の置き換えを見せるため巡回数といわれます．つまり左の図のように1から6までを一つずつ掛け合わせ，その答を，右の図のように並べ替えると，142857の各数が一つずつ順にうしろに移って巡回します．これは1/7が，0.142857142857… というように142857を繰り返す循環小数になっているということと偶然に一致しているのではありません．

ある素数pがあって，その逆数1/pが（p－1）個ごとに区切られた循環小数を見せるとすると，その（p－1）個は巡回数となります．同じような例には，ほかにもpが17の場合の0.0588235294117647と19の場合の0.052631578947368421がありますが，いずれも小数点以下0から始まります．したがって，142857は0から始まることのない唯一の巡回数となります．ただし，もちろん，一つだけの数とか111のような一つの数が繰り返して並ぶものは省きます．

おもしろいことに142857×7＝999999です．これは0.142857142857…×7＝0.999999…＝1，つまり上記の1/7＝0.142857142857… を意味しています．もっとびっくりすることに，142＋857＝999であり，14＋28＋57＝99です．さらに1＋4＋2＋8＋5＋7＝27で，2＋7＝9です●.

142857 × 1 ＝ 142857	142857 × 1 ＝ 142857
142857 × 2 ＝ 285714	142857 × 5 ＝ 714285
142857 × 3 ＝ 428571	142857 × 4 ＝ 571428
142857 × 4 ＝ 571428	142857 × 6 ＝ 857142
142857 × 5 ＝ 714285	142857 × 2 ＝ 285714
142857 × 6 ＝ 857142	142857 × 3 ＝ 428571

142857は巡回数

?! 99　196560

地球の外の宇宙空間から地球へ何らかのデータを送ろうとすれば，それが失った部分や間違った部分のない完全なものであるかどうか確認するためにうまい数学的工夫が必要となります．その工夫の一つとして，宇宙探査機では‘検査数’が使われています．私たちがふだん使っている銀行のキャッシュカードの最後の数字も同じような検査数で，それ以外の数字を含めた特定の計算に対する答になっています．

ボイジャー探査機の場合はもっと精密な検査数を使っていて，ただ誤りを見つけるだけでなく修正もします．その数字をスイスの数学者マルセル・ゴレイの名前を借りて‘2進ゴレイ符号’といいます．

そこで使われている数学は 1967 年にジョン・リーチが見つけたリーチ格子と呼ばれる高度な対称性を持った幾何学的構造を含んでいます．2次元の最密円配置を導く6角格子が2次元空間をもっとも効果的に分割するのと同じように，24 次元の最密超球配置を導くリーチ格子は 24 次元ユークリッド空間をもっとも効果的に分割するといわれています．2次元の6角格子の格子点にボールを置いた場合，各ボールは6個の他のボールに囲まれますが，24 次元のリーチ格子の格子点にボールを置いた場合は，24 次元の最密超球配置に従って 196560 個のボールに囲まれるのです！

地球を離れて宇宙深くを突き進んでいるボイジャー宇宙探査機のNASA による想像画．ボイジャーが集めるデータをできるだけ早くチェックするため，ゴレイ符号は高度に対称的なリーチ格子の効果を利用して決められています

?! 100 262144

262144は2^{18}，つまり2を18回掛け合わせた数あるいは4を9回掛け合わせた数です．これを累乗で表すと，図のようにタワーになります．これを4の‘指数階乗’といいます．記号では，1からnまでのふつうの階乗をn!とするのに対して，nから1までの指数階乗はn$とします．計算は，左から右へ行う階乗とは逆に，$2^1=2$，$3^2=9$，$4^9=262144$のように右から左へ行います．階乗が掛け算で計算されるのに対して指数階乗は累乗で計算されますから，計算結果は猛スピードで大きくなります．たとえば5!は120ですが，5$は180000桁を超える大きな数となります．

262144はまた超完全数の一つです．つまり1と自分自身を加えた約数の合計は524287で，その合計の約数の1と524287をもう一度合計すると1+524287=524288となって，262144の2倍となります．超完全数は，2，4，16，64などすべて2の累乗になっています．奇数の超完全数があるかどうかはわかっていません．

4の指数階乗

?! 101 1000000（100 万）

1 ミリオンは，ラテン語の‘1,000’を意味する mille にちなんで，1,000 の 1,000 倍，つまり 1000,000（100 万）（million）を意味します．古代ローマ人は，1,000 の 100 倍，つまり 100,000，を超える実用的な数字を持っていませんでした．それで 100 万を表すときは‘1,000 の 100 倍の 10 倍’といわざるをえませんでした．古代ローマ人より何世紀も前の古代ギリシャ人になると 1,000 の 10 倍を超える数さえ持っていませんでした．ところが古代ギリシャ人より何千年も前の古代エジプト人は数を重ねることを知っていて，10 を重ねて最後には 100 万まで行きつく計算方法を知っていたのです．そのあとは無限とされて，神‘ヘー（Heh）’が無限大の化身とされました．古代エジプトでは 100 万と無限は一体化していたことになります．だから今でも英語の‘100 万’は非常に大きい数を意味することがあります．たとえば‘100 万マイル離れている’とか‘100 万の中の一つ’などというのもそんな意味を持っています．この 100 万の 1 ミリオンは，10 億の 1 ビリオンとしばしば間違われます．間違うと大変です．たとえば 1 ミリオン秒は 11.6 日のことですが，1 ビリオン秒は 31 年以上にもなります．

エジプト神話に見る無限大の化身‘ヘー’

?! 102 1234321

数に夢中になったりあるいは計算機を使ったりしていると，ときどき次のようなパターンに巡り合います．つまり，11を2乗すれば121になり，111を2乗すれば12321になり，1111を2乗すれば1234321になり，それを続ければ111111111の2乗についても図の最下段のようになります．ただし1が9個を超えると乱れます．なぜこんなパターンが得られるのでしょうか．

たとえば1111の2乗を考えてみると，1111×1111は1111×(1000+100+10+1)と書き直すことができ，したがって1111000+111100+11110+1111=1234321となります．つまり4連の1111が右の方へ1個ずつずらされながら4回加えられる結果，1234321が得られることになります．これからもわかるように，1を9個まで並べた数の2乗はすべて回文数つまり右から読んでも左から読んでも同じ数になります．3乗数や4乗数でも$11^3=1331$，$11^4=14641$，$111^3=1367631$などが見つかります．

11
121
12321
1234321
123454321
12345654321
1234567654321
123456787654321
12345678987654321

2段目以下は11から111111111までの平方数

?! 103 3628800

3628800 は $1 \times 2 \times 3 \times \cdots \times 10$ の答になっています．つまり 10 までのすべての自然数の積です．これを 10! と書いて 10 の階乗と読みます．おもしろいことに 10! は $1! \times 3! \times 5! \times 7!$ にもなっています．

階乗は，数字のいろいろな並べ方を調べるときふつうに使われます．たとえば図のような番号が付けられた 10 匹のブタがいるとして，それらを 1 列に並べる順列という方法には 10! 通りあります．最初に置くブタの選び方には 10 通り，2 番目は 9 通り，3 番目は 8 通りというように，最後の 10 番目まで続くからです．

また予想もできない数字を当てるゲームなどにも現れます．たとえば 10 個の数字から三つの数字を順番を考えずに組合わせるだけで当てる宝くじで勝つチャンスはどれだけあるでしょうか．簡単に考えれば 33%と思うかもしれませんが実際はわずか 0.8%なのです．なぜなら組合わせの公式によると，10 個の数字の中から 3 個の数字を取り出すには $10!/3!\{(10-3)!\}=120$ の方法があり，それから考えると，$1/120=0.008$ となるからです．

10 匹のブタの並べ方

?! 104 66600049

素数の中には，それを作っている数字のいくつかを消すと別の素数になるようなものがあります．たとえば 2243 という素数を見ると，中央の二つの数を消すと 23 という素数ができます．あるいは，224 を消しても 3 という素数ができます．

では，どんな数字を消しても新しい素数を作らないような素数を捜してください．ただし数字の順番を変えてはいけません．たとえば 971 から 7 を消すと 91（=7×13）という合成数が得られますが，それを 19 という素数に置き換えるのは禁止です．実はそのような条件があっても新しい素数を作らないような素数が 26 個だけあるのです．これらを窮極素数といい，2000 年にジェフリー・シャリットが見つけました．66600049 はそのうちの最大です．

合成数でも同じようなことがいえます．いくつかの例外を除いて，一つの合成数は，それを作っている数字のいくつかを消すことによって別の合成数に変えることができます．例外には 32 個の窮極合成数があって，それを作るどんな数字を消しても新しい合成数を作ることはできません．731（=17×43）はその中の最大です．

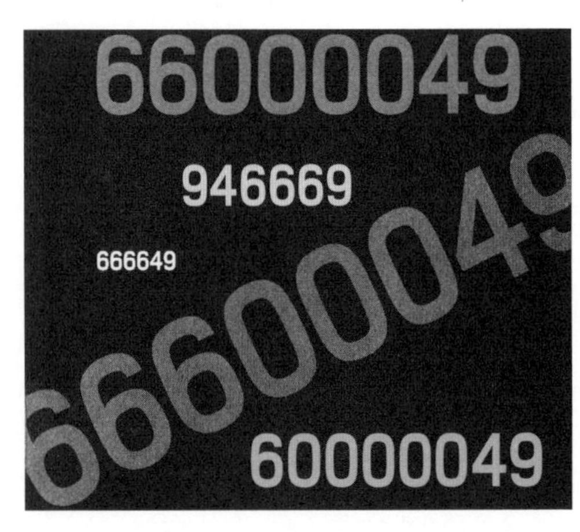

最大の五つの窮極素数

?! 105 7000000

5と7，11と13，あるいは17と19，のように2だけ離れた双子素数は無限にあるだろうという予想があります．

1849年，フランスのポリニャックは，その場合の2だけ離れているということには何も特別の意味はなく，どんな偶数でもその数だけ離れた素数は無限にあるだろうと予想しました．たとえば5と11のように6だけ離れたセクシー素数は無限にあるようです．

任意のnについてのポリニャックの予想の正しさは長い間確認されませんでしたが，2013年に画期的な進歩がありました．中国系アメリカ人のジャン・イータン（張益唐）が，7000万未満のいくつかの偶数nについては，そのnだけ離れた素数の組が無限にあることを証明したのです．多分野の数学を研究するポリマス計画では，この上限を246までに減らしました．素数についていろいろな予想をしているエリオット-ハルバースタム予想ではその上限を6まで落としています．

ジャン・イータンの画期的な仕事は，2だけでなくいろいろな偶数だけ離れた素数が無限にあることの証明に数学者を駆り立てています

?! 106　73939133

この数は，右から一つずつ数を切り捨てていっても残る数がいつも素数になる‘右切り捨て可能素数’のうち最大です．つまり，7393913 も 739391 も 73939 も 7393 も 739 も 73 も 7 もすべて素数です．

右切り捨て可能素数は全部で 83 個あります．5 を超えるすべての素数の最後の桁は 1，3，7 あるいは 9 で終わりますから，右切り捨て可能素数が 1，3，7，9 ばかりで作られるのは当たり前です．

同じように考えると，左から一つずつ数を切り捨てても残る数がいつも素数になる‘左切り捨て可能素数’も見つけることができます．この場合は，0 を除いてすべての偶数を使うとすると，右切り捨て可能よりもはるかに多い 4260 個が見つかります．最大は 24 桁の 357,686,312,646,216,567,629,137 です．小さな例としては 673 や 1223 や 24967 があり，もし 0 を許すと無限にできます．

左切り捨て可能であり右切り捨て可能でもある素数も，23，37，73 などのほか，15 個あります．その最大は 739397 です．

73939133
7393913
739391
73939
7393
739
73
7

最大の右切り捨て可能素数

?! 107 123121321

順列というのは一群の数のいろいろな並べ方を意味します．たとえば1，2，3という数があれば，その順列には123，132，213，231，312，321の6種類があります．

‘スーパー順列’というのも考えられています．ある一群の数の順列をすべて含む数列のことです．たとえば，1，2，3のスーパー順列は1，2，3の6種類の順列を並べた123132213231312321となります．これは18文字からできていますが，順列の並べ方をいろいろに工夫して，たとえば123と231については23を重ねて1231とするようにすればもっと短く123121321のように9文字で書くことができます．

では，n個の数があるとして最短のスーパー順列の字数はどうなるでしょうか．nが5あるいはそれ以下なら$1!+2!+\cdots+n!$です．$n=3$の場合は$1!+2!+3!=1+2+6$となって9字となります．$n=4$では33字，$n=5$では153字です．

といってもnが5を超える場合，この式は成り立ちません．2011年，ボグダン・コアンダは，$n=7$の場合の当時最短の5907桁の案をユーチューブで流しました．その後，今では5906桁が最短となっています．

376125437162543712654371256437125463172543617254316725431762543172654317256431725463127
543612754316275431267543127654312756431275463125743612574316257431265743125674312576431
257463125476312457631247563124765312467531246573124653712456371245367124537612453716245
371264537124653172456317245361724531672453176245317264531724653127456312745361274531627
453126745312764531274653124763512467351246375124367512437651243756124375162437512643751
246357124365712435671243576124357162435712643571246351724365172435617243516724351762435
172643517246351274365127435612743516274351267435127643512746351247631524673152463715243
671524376152437165243715624371526437152463175243617524316752413672541367245136274153627
413562741365274136257413627541362745136247513624571362451736245137624153762413576241375
624137652413762541376245136724153672413567241365724136752416372541637245163274156327416
532741635274163257416327541632745163247516324571632451763245167324561732456713245673124
567321457632145736214573261457236147523614725361472356147236514723615472361457263147526
314725631472653147263514726315472631457261347526134725613472651347261534726135472613457
261435276143526714352617453261745236174526317452613745261734526174352614735261437526143
572614537261457321645723164752316472531647235164723156472316547231645721364752136472513
647215364721356472136547213645721634752163472516347215634721653472163547216345721643527
164352176453217645231764521376452173645217634521764352167453216745231674521367452163745
216734521674352164735216437521643572164537216457321465372146532714563271453627143562714
365217436521473652143762514372651437256143725164372514637251436725143762154372615437216
543721564372154637215436721543762145376214357621437562147356214753621475632147562314765
231467523146572314652731456273145267314527631452736145273164527314652371456237145263714
523671452376145237164523714652317465231476253146725314627531426753142765314275631427536
142753164275314625731426573142567314257631425736142573164257314625371426537142563714253
671425376142537164253714625317426531742563174253617425316742531764253174625314762351467
235146273514267351427635142736514273561427351642735146237514263751423675142376514237561
423751642375146235714263571423657142356714235761423571642357146235174263517423651742356
174235167423517642351746235147623154672315462731542673154276315427361542731654273156427
315462371542637154236715423761542371654237156423715462317542631754236175423167542317654
231756423175462315742631574236157423165742315674231576423157462315476231457623147562134
765213467521346572134652713456271345267134527613452716345271364527134652173465213746521
347625134672513462751342675134276513427561342751634275136427513462571342657134256713425
761342571634257136425713462517342651734256173425167342517634251736425173462513742651374
256137425163742513674251376425137462513476215346721534627153426715342761534271653427156
342715364271534621753426175342167534217653421756342175364217534621573426157342165734215
673421576342157364215734621537426153742165374215637421536742153764215374621534762135467
213546271354267135427613542716354271365427135642713546217354261735421673542176354217365
421735642173546213754261375421637542136754213765421375642137546213574261357421635742136
574213567421357642135746213547621345762134756214376521436752143657214365271436257143265
714325671432576143257164325714632571436275143267514327651432756143275164327514632751436
271543267154327615432716543271564327154632715436271453267145327614532716453271465321746
352147635214673521463752146357214635271463521746325174362517432651743256174325167432517
643251746321574362157432615743216574321567432157643215746321754362175432617543216754321
765432175643217546321745623174562137456217345621743562174536217456321746532147653214675

ユーチューブで流されたコアンダの$n=7$の場合のスーパー順列．1から7までの数字のあらゆる順列が組み込まれていて，発表当時は最短の答といわれていました

?! 108　3816547290

0から9までの10個の数すべてを1度ずつ使っているこの3816547290を左から見ていくと，左端から数えてn個の数が1を含んで0を含まないnという数で割り切られます．つまり左端から3の1個は3で，38の2個は2で，という風に割り切ることができます．こんな数はこれ一つです．この数を探すには，いくつかの手掛かりがあります．たとえば10で割り切ることのできる数の最後は0ですから求める数の最後は0です． 5で割り切れる数の最後は0か5で終わりますから求める数の前から5番目は5です．また偶数は偶数番目に奇数は奇数番目に置かれるはずです．さらに最初の3桁の数は3で割り切られますから，その三つの数の合計は3の倍数になります．

見つかったたった一つの数は，0から9までの数を1度ずつ使っていますから，パンデジタル数となっています．パンデジタル数は素数にはなりません．作っている数を加えると，いつも45になって，3ならびに9で割り切ることができるからです●．

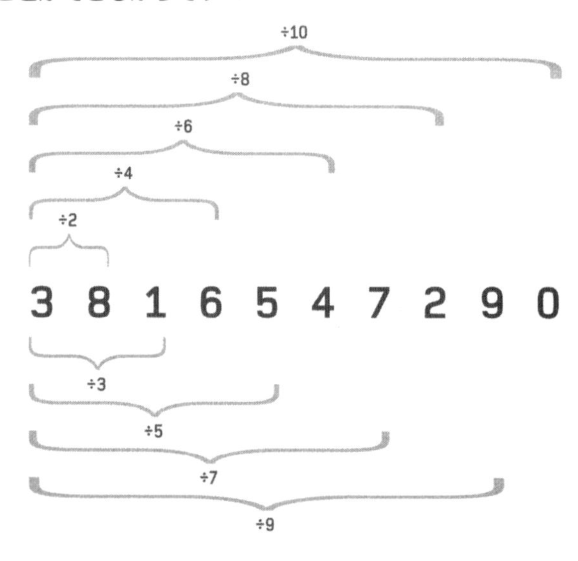

ふしぎなパンデジタル数

?! 109 4294967297

4294967297 は $2^{2^5}+1$ となった5番目のフェルマー数です．フェルマー数 F_n は負でない整数を n として $2^{2^n}+1$ で表される自然数で，たとえば $F_0=3$，$F_1=5$ です．

1650 年，フランスの裁判官ピエール・ド・フェルマーは，F_0 から F_4 までを計算した結果，すべてのフェルマー数は素数であると予想しました．が，残念ながら F_5 は 641×6700417 となっていて素数ではありません．このことは 1732 年にオイラーによって発見されました．その後，今では，フェルマー数について，素数のフェルマー数が無限にあるという主張と，F_5 を超えるフェルマー数はすべて合成数であるという主張が争い合っています．今までに 298 個のフェルマー数については合成数であることがわかっています．ただし完全に素因数に分解された，つまり約数が分かった，のは F_0 から F_{11} までです．F_4 を超えるフェルマー数で素数だった例はありません．

ピエール・ド・フェルマー．フェルマー数に関心をお持ちのかたは分散計算プロジェクトである‘フェルマーを捜そう’に参加されてはいかがでしょうか．そこではみなさんのコンピュータの余った計算能力をフェルマー数の素因数を捜すのに使います●

?! 110 61917364224

この数は 144×144×144×144×144，つまり 144^5 です．$144^5 = 27^5 + 84^5 + 110^5 + 133^5$ ですから，四つの数の5乗の和にもなっていることになります．これはn乗数の和に関するオイラー予想を覆しています．オイラー予想では，n≧3の場合，一つのn乗数は（n－1）個のn乗数の和で表すことはできない，とされますが，5乗数の場合，4個の5乗数の和で表されることになります．このオイラー予想は，n≧3の場合，一つのn乗数は2個のn乗数の和で表すことはできない，というフェルマーの最終定理の一般化になっていました．

オイラー予想の反例は，予想が出されてのちほぼ200年後の1966年，数学者のランダーとパーキンによって見つけられました．その後，4乗の場合について無限の反例が見つかりましたが，5乗については，わずか3例が最近見つかっただけです●．

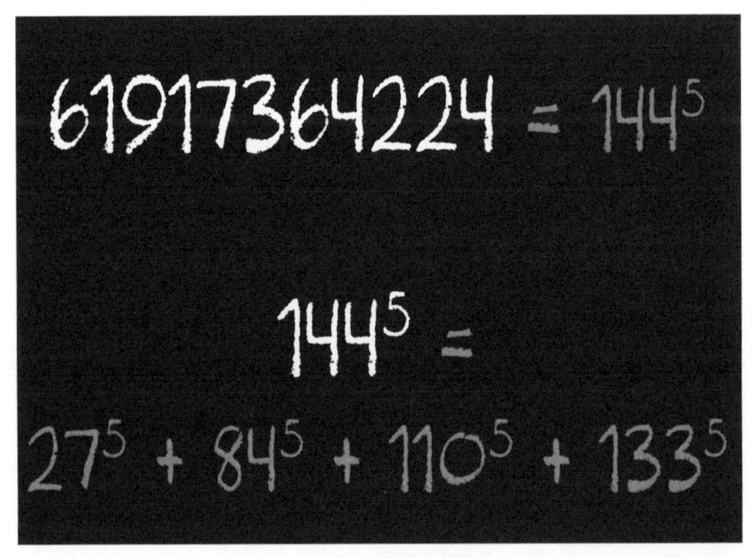

オイラー予想の反例

?! 111　26534728821064

チェスでは，それぞれに動き方が決められたいろいろな駒を8×8の碁盤目の上で動かしますが，そのうちナイトは，水平方向に2コマ，垂直方向に1コマ，あるいは水平方向に1コマ，垂直方向に2コマだけ合わせて8方向にL形（桂馬飛び）に動かします．このナイトが碁盤目のすべてを1回だけ訪れるナイト・ツアーを考えるとき，その出発点と終点が一致していれば‘閉じている’といいます．図はその一つの例です．

では，閉じた道には全部で何通りあるでしょうか．逆回りや，回転したり鏡に映したりしたとき重なる道も別べつに数えると，全部で26534728821064通りとなります．この問題は，一つのグラフで，すべての頂点を1回ずつ訪ね歩くハミルトン線を捜すのと同じです．

一般に，ハミルトン線はNP完全問題?! 96の一つといわれています．つまり答をある時間内で見つける方法は知られていないのです．ただしナイト・ツアーは一定の時間内に解くことができます．

チェスの閉じたナイト・ツアー

?! 112　4×10^{18}

素数について，18 世紀の数学者にちなむゴールドバッハの予想という有名な未解決問題があります．4 以上のすべての偶数は 2 個の素数の和で表せるだろう，という予想です．たとえば，$12=5+7$，$18=5+13$，$50=3+47$ です．といってもまだ誰も証明していません．4×10^{18}までのすべての偶数について確かめただけです．

この予想についてはゴールドバッハの弱い予想という変形があります．7 以上のすべての奇数は三つの素数の和で表せるだろう，という予想です．2013 年，ハラルド・ヘルフゴットはこの弱い予想の証明を発表しました．それは広く認められていますが，専門家の審査はまだ受けていません．この証明が認められれば，あらゆる偶数は多くて 4 個の素数の和として表されることになります．それに近い最善の確認された結果はオリビエ・ラマレが 1995 年に発表した，あらゆる偶数は多くて 6 個の素数の和として表される，ということです．

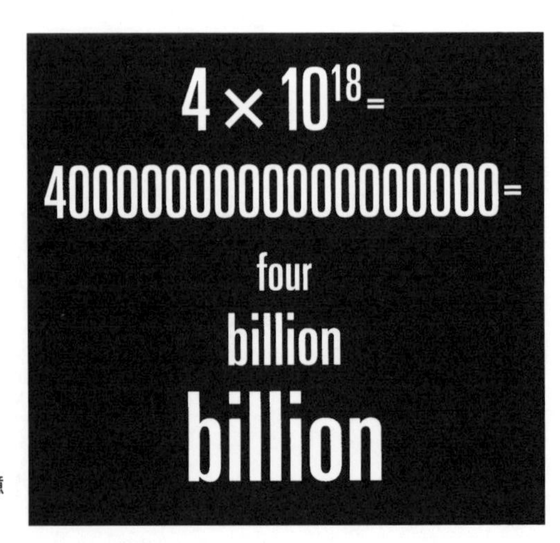

4×10^{18} は 10 億の 10 億倍の 4 倍

?! 113　9.2234×10^{18}

だれかわかりませんが，8×8 のボードで遊ぶおもしろいチェスを発明した賢い人は，自分が仕えていた領主から，発明のほうびとして何でも望むものを貰うことになったそうです．それでその賢い人は，つぎのように増えていく小麦の粒をお願いしました．まずボードの隅の最初のマス目に 1 粒，その隣のマス目にその 2 倍の 2 粒，さらにその隣のマス目にまたその 2 倍の 4 粒，という風に 2 倍ずつ増やしていって，8×8 のすべてのマス目を埋め尽くすだけの小麦です．それを聞いた領主は，たったそれだけで満足なのか，と大笑いしました．では，すべてのマス目を埋め尽くしたときの小麦の粒はどれぐらいになるでしょうか．

8×8 のマス目の合計は 64 です．ということは最後のマス目には 2^{63} 個つまり約 9.2234×10^{18}（約 92 億の 10 億倍）個の小麦の粒が乗ります．重さでいえば約 4600 億トンで，現在の全地球上で収穫される小麦の 600 倍以上です．ところがボードのほかのマス目にはまだ大量の小麦が乗っていて，それを合わせると，$2^0+2^1+2^2+2^3+\cdots+2^{63}$，つまり $2^{64}-1$ 個の粒になります．これは現在だけでなく昔からの地球上での年間生産量の合計よりはるかに多いです．

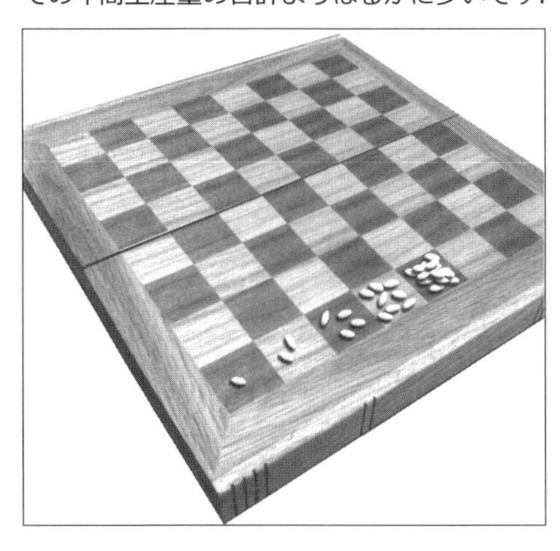

チェスボード上の小麦の粒

?! 114 1.8447×10^{19}

いま，3本の杭が立った台があるとして，そのうちの1本に，大きさの異なる何枚かの円盤が，上ほど小さくなるように，塔のようなかたちで差し込まれているとします．そのすべてを，3本の杭のうちの別の1本に同じかたちで移し替えるパズルをハノイの塔といいます．条件は，円盤を，かならず小さな円盤が大きな円盤の上に乗るように別の杭に移すということだけです．

このパズルの発明者であるフランスの数学者エドワルド・ルカは，昔からの言い伝えとして，ハノイのある寺のお坊さんは，今でも64枚の円盤を移し替える仕事をしていて，それが終わって新しい塔ができると，この宇宙も終わる，といっています．

円盤がn枚のときのハノイの塔を完成させるには，円盤が1枚なら1回，2枚なら3回，3枚なら7回，n枚なら2^n-1回の仕事が必要です．64枚の場合は，チェス盤の上の小麦の総数と同じく，$2^{64}-1=$ 約1.8447×10^{19}回（1844京7000兆回）の仕事をしなければなりません．1回を1秒ですますとすると，仕事が終わって宇宙が終わるまでにほとんど6×10^{11}年つまり6000億年かかります●．現在は宇宙誕生以来まだ138億年のようですから心配ありません．

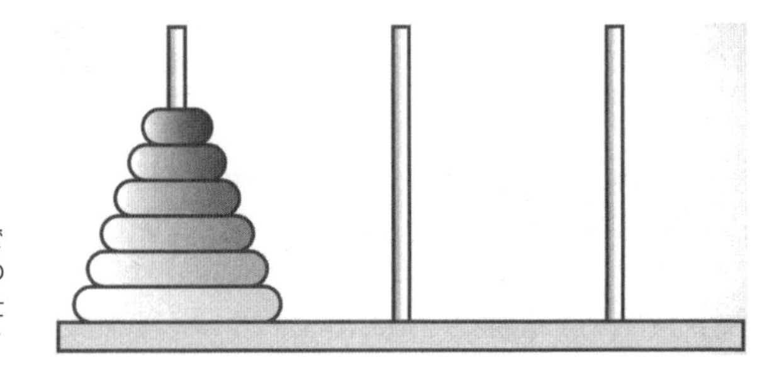

6枚の円盤でできるハノイの塔．63回の仕事で完成します

?! 115　4.325×10^{19}

約 4.3252×10^{19}（4325 京 2000 兆）となったこのものすごい数は，ハンガリーの建築家エルノー・ルービックが発明した $3 \times 3 \times 3$ の小さな立方体でできるルービック・キューブの色の組合わせの合計数です．これはつぎのように計算されます．

まず方向によって違う 3 色を持った小さい立方体が 8 個あり，それらは全体を包む立方体の隅に 8! 通りに並べられます．その場合，小さい立方体は置かれる方向によって 3^8 の違いを見せるので，合わせて $8! \times 3^8$ の並べ方があります．また全体を包む立方体の稜線の中央に 2 色を持つ小さい立方体が 12 個あり，それらは 12! 通りに並べられます．そのそれぞれは置かれる方向によって 2^{12} の違いを見せるので，合わせて $12! \times 2^{12}$ の並べ方があります．以上の 2 種類の並べ方を組合わせると合計 $8! \times 3^8 \times 12! \times 2^{12} =$ 約 5.19×10^{20} となります．ところがその中には実際は見られない場合も加わっています．たとえば隅にある立方体を単独で回転させることはできません．したがってこれらの並べ方の数は 3 で割らなければなりません．さらに稜線の中央にある立方体を単独でひっくり返すことはできませんから 2 で割らなければなりません．加えて向かい合ったペア同士を入れ替えることもできませんから，もう一度 2 で割らなければなりません．したがって，5.19×10^{20} を $3 \times 2 \times 2 = 12$ で割った約 4.325×10^{19} が答となります．

ルービック・キューブ

?! 116　6.6709×10^{19}

n×n の碁盤目に n 種類の数を n 個ずつ横列・縦列で重複しないように入れた数表を'ラテン方陣'といいます．このラテン方陣を特別のかたちで応用したパズルが'数独'です．9×9 のマス目からなる大碁盤目を 3×3 の小碁盤目 9 個に分け，大碁盤目の縦 1 列と横 1 行ならびに小碁盤目の 9 個ずつのマス目に 1 から 9 までの数字を重複しないように一つずつ入れるパズルです．問題を出す人は，その数字の並び方が一通りに決まるようにあらかじめいくつかの数を示しておきますが，そういう数を示さないとすると全部で約 6.6709×10^{19}（6670 京 9000 兆）通り答があることになります．この数字は 2003 年に'QSCGZ'（謎の CG パズラー）が最初に発表し，2005 年に数学者によって確認されました．ですが，これらの多くは，回転や鏡映といった並べ替えをすると同じになります．そうした重複を整理すると，54 億 7273 万 538 となります．

5	3			7				
6			1	9	5			
	9	8					6	
8				6				3
4			8		3			1
7				2				6
	6					2	8	
			4	1	9			5
				8			7	9

2012 年，数独の 9×9 の場合，答が一通りに限られるためには最小限 17 個の数字が与えられなければならないということが証明されました．示された数字が 17 個より少なければ解けません．この図は 30 個もの数字が与えられているので簡単に解けます

?! 117　8.0802×10^{53}

モンスター群とは最大の散在型有限単純群のことで，地球 1000 個分の原子の数を超えるともいえる 8.0802×10^{53} 個の要素を含みます．

群は対称性を考えるときの代数的な道具になっています．その中で単純群というのは，数の中の素数あるいは物質の中の素粒子のようなもので，それ以上小さな群には分割できず，あらゆる群を作る基本的な単位になっています．

それほどですので，数学の世界で最大の仕事の一つは有限単純群の分類でした．それによると，あらゆる有限単純群は，素数位数の巡回群，5 次以上の交代群，リー群といわれる 16 種類の群の一つか，あるいは図に符号で示す 26 種類の散在型といわれる群の一つか，の 4 クラスに分類されることになりました．この 26 種類の群の多くはどんなパターンにも従いませんが，たがいに組込み合います．そのうち最大のモンスター群は図の中の○で囲んだ六つ以外のすべてを組込みます．モンスターよりもっと大きい単純群もありますが，その中でモンスターは，複雑さのため，もっとも難解になっています．

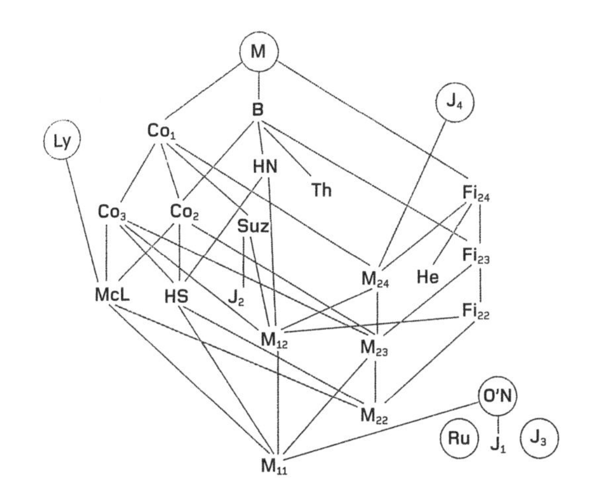

26 種類の散在型有限単純群の相互関係．円の中の 6 種類はモンスター群には含まれません

?! 118　52!

8のあとに67個の数字が続くこのものすごい数は，銀河系の中にあるすべての原子の数に匹敵するのと同時に，どこの家庭でも楽しむ遊び道具にも関係しています．52枚のトランプをシャッフルして1列に並べるときの異なる並べ方の総数なのです．そんな並べ方の総数はどのように数えるのでしょうか．

まずすべてのトランプから1枚だけを選び出す方法を考えてみてください．最初の1枚は52通りの選び方があります．その1枚目を取り出してしまうと2枚目のトランプには51通りの選び方が残ります，という風に選び出していくと，けっきょく，すべて選び出すには$52 \times 51 \times 50 \times \cdots \times 3 \times 2 \times 1$の52の階乗の52!の方法があることになります．52!通りすべてのトランプの並べ方というのは，人類の歴史が始まるまだ前からだれも絶対に見ていません．

10億組のトランプがビッグバン以来1秒ごとにシャフルされているとしても，すべての並びかたはまだ完成していません

?! 119　10^{100}（グーゴル）

10^{100} を 1 グーゴルといいます．1 のあとに 0 が 100 個付く数字です．グーゴルという名前を初めて使ったのは 1920 年のアメリカの数学者エドワルド・カスナーでした．当時 9 歳の甥ミルトン・シロッタが名付けたそうで，宇宙を満たす原子の数より大きいといわれています．ところがシロッタはそれに満足せず，グーゴルプレックスというもっともっと大きい数を考えました．1 グーゴルプレックスは 10 の 1 グーゴル乗，つまり $10^{10^{100}}$ で 1 のあとに 0 を 1 グーゴルつける数です．

すでにお気づきのようにグーゴル（googol）と巨大 IT 企業‘グーグル（Google）’の名前はよく似ています．これは，グーゴルにちなんで googol と書くはずのところが間違って google と書いてしまった名前です．グーグルでは 1 グーゴルの科学的な表記法を使った 1e100.net というドメイン名を自らのサーバーを識別するために使っています．

10^{100}= 10,000,000,000,
000,000,000,000,000,
000,000,000,000,000,
000,000,000,000,000,
000,000,000,000,000,
000,000,000,000,000,
000,000,000,000,000.

10^{100} の数の 0 を書くには，宇宙よりはるかに大きい面積と，宇宙の一生よりはるかに長い時間が必要です

?! 120 101!+1

隣り合わせの素数がどれだけ離れているかを予想するのは簡単ではありません．ときには 11 と 13 のように最小の 2 しか離れていないことがありますが，ときには 113 と 127 のようになかなか次の数が見つからないこともあります．ではどんな大きさの間隔があるのでしょうか．また最大はどれぐらいなのでしょうか．

じつは最大などはありません．どんな偶数を考えても少なくともその数だけ離れている一対の素数が見つかるのです．たとえば 9 の後に 159 個の数がならぶ素数 101!＋1 の次の素数は少なくとも 100 離れています．どうしてそんな数を見つけることができるのでしょうか．この素数は 101!＋1 つまり 101 までのすべての数の積に 1 を加えたものになっています．ところが 101!＝2×3×4×…×101 ですから，2 から 101 までのすべての数の倍数になっています．したがって 101!＋2 は 2 の倍数，101!＋3 は 3 の倍数です．それから考えて 101!＋101 は 101 の倍数となります．つまり素数になることができない数が 101!＋2 から 101!＋101 まで 100 個続きます．

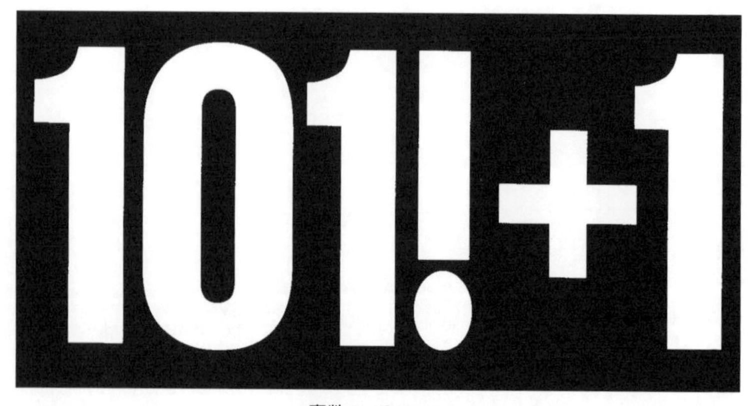

素数の 101!＋1

?! 121 RSA-2048

数の因数分解というのはその数を約数の積で表すことを意味します．たとえば 12 を因数分解すれば，3×4，2×6，1×12，さらに素数で素因数分解すれば 2×2×3 となります．むずかしいのは 2 個の素数の積になっている半素数の因数分解です．たとえば 4843 を因数分解できますか●．

このむずかしさは，公開鍵暗号に使うことができます．ちょうど，数字合わせの鍵が，閉じるときは簡単でも閉じて数字を変えたあと，開けるのは閉じた人でないとむずかしいのと同じで，2 個の素数を掛け合わすのは簡単でもそれを因数分解するのは非常に難しいのです．この原理は公開鍵暗号の世界でもっとも有名な RSA 暗号で使われています．

1991 年，RSA 研究所は 54 種類の巨大な半素数の一覧表を公表し，2007 年までに因数分解できたものに最大 20 万ドルの賞金を出すことにしましたが，そのうち 12 種類だけが期限内に解かれました．まだ解かれていない最大の RSA 合成数は RSA-2048（617 桁）です．

公開鍵暗号

?! 122 最大既知素数

素数は１と自分自身の二つだけの約数を持つ２以上の正の整数です．この素数が無限にあることは古代からわかっていましたが，それだけに最大に近づくできるだけ大きい素数を探すことは数論や暗号の世界では重要な仕事になっています．

2018年に見つかった最大の素数は$2^{82589933}-1$で２千５百万近い桁数を持っています．２の累乗より１だけ小さいですからメルセンヌ素数です．これは2018年にジョナサン・ペイスによりGIMPS（Great Internet Mersenne Prime Search）提供のソフトを使って発見されました．

GIMPSでは，コンピュータの余っている処理能力を使って，メルセンヌ素数を捜すために特別に工夫されたアルゴリズムを走らせます．このアルゴリズムを使うと，メルセンヌ素数は他の素数よりもっと簡単に見つけることができるようになっています．

これまでに見つかっている最大に近づく素数のうちトップから８個目まではメルセンヌ素数です．

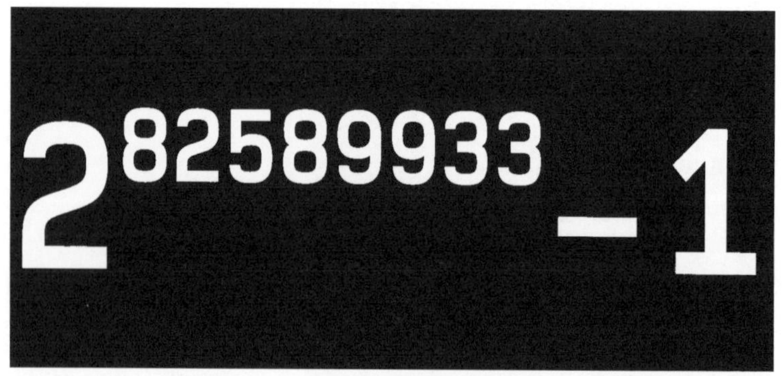

電子フロンティア財団（EFF）では巨大な素数を見つけた人に何種類もの賞金を用意しています．たとえば少なくとも１億桁の素数を見つけた人には15万ドル，少なくとも10億桁の素数を見つけた人には25万ドルが与えられます

?! 123 スキューズ数

素数定理では，x までの素数の数はほぼ $x/\log_e x$ になる，といいます ?! 95．ということは，100 までの素数の数はほぼ $100/\log_e 100 = 21.7$（実際は 25）となることが予想されます．この定理が見つかって 100 年後，数学者たちはこの定理が $1/\log_e x$ のグラフの下部の面積を概算する意味を持っていることに気づきました．つまり無限に小さい長方形の集まりとして面積を計算する積分の式を使ってより正確に素数の数を見積もることができるようになったのです．といっても得られた式で計算すると，多くの場合，実際より多い数になりました．それで数学者たちは，この計算方法ではいつでも実際より多い数が出ると予想しました．ところが，1914 年，J. E. リトルウッドは，この式で得られる数は多すぎる場合と小さすぎる場合を無限に繰り返す，ということを証明しました．それに対して 1955 年，南アフリカの数学者スキューズは，その最初の反転が，スキューズ数のあたりで起こることを証明しました．当時の数学の世界で理論的に扱われる最大の数ともいわれた巨大な数です．ただし実際の具体的な数はわかっておらず，この数の改善について現在研究が進められています．

$$10^{10^{10^{964}}}$$

1955 年時点でのスキューズ数．現在知られているスキューズ数はほぼ 1.3×10^{316}．ただしもっと小さい数が見つかる可能性が残っています

?! 124 グラハム数

グラハム数は，数学上の証明に使われた最大の自然数として 1980 年にはギネスブックにも登録されたほどの巨大数です．それ以来，特別な場合を除いて，今なお数学の証明に使われる最大数としての地位を保っています．宇宙におけるすべての元素や素粒子を使っても書けず説明もし切れない数です．

グラハム数は，巨大構造の中での秩序の現れ方を調べるラムゼー理論におけるある問題の答の上限になっています．その問題というのは，最低何人いればその中にたがいに知り合っているか，あるいはたがいにまったく知らないかの４人が確かにいるということがいえるだろうか，という，一見簡単なことです●．その人数は，頂点が 2^n 個ある n 次元の立方体の頂点を，２個ずつすべて２色の線で自由に結んだとき，対角線を持つ平面４角形が同じ色の線で必然的にできるときの数になっていると考えられています．その数として考えられたのがグラハム数です．このグラハム数はあまりに大きすぎるので書くときはクヌースの矢印表記?! 93のような特別の記号を使いますが，ふつうの数字で書くとすると最後の 10 桁は 2464195387 になることだけはわかっています．

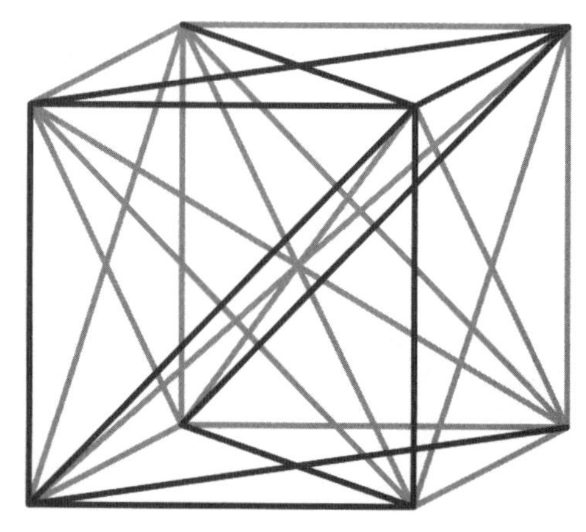

３次元の立方体の８個の頂点を２個ずつすべて，自由に決めた灰色か黒かの線で結んだとき，同じ色の線でできた対角線を持つ平面４角形はかならずできるでしょうか．図の場合は，中心を通って左上の辺と右下の辺をつなぐようにできていますが，色の決め方によってはそんな４角形はできません

?! 125　0.01（1％）

2019 年の世界金満家リストという金持ち度を測るウェブサイトによると，1 年間に 25,000 ポンド（32,000 ドル）の収入を得ている人は世界中の大金持ちのトップ 1 パーセントに入るようです●.

パーセントという言葉はラテン語の“100 に対して（per centum）”から来ていて，1 パーセントつまり 1％というのは 100 の中の 1 あるいは 1/100＝0.01 を意味します．つまりある数の 1％というのはその数を 100 で割った数です．たとえば世界中で収入を得ている人が 30 億人いるとすると，その中のトップ 1％というのは 30億×1/100＝3 千万人のことです.

このようにラテン語から出発していることからもわかるように，％で表されたパーセンテージは，皇帝に支払う税金の計算のために古代ローマで使われ始めました．今でも同じような税金計算のほか，利子率やインフレ率の計算（商品価格は毎年 2％ずつ上がっています），さらにはさまざまな統計結果の表示に使われています．99％の人は数学を愛しています，というように！

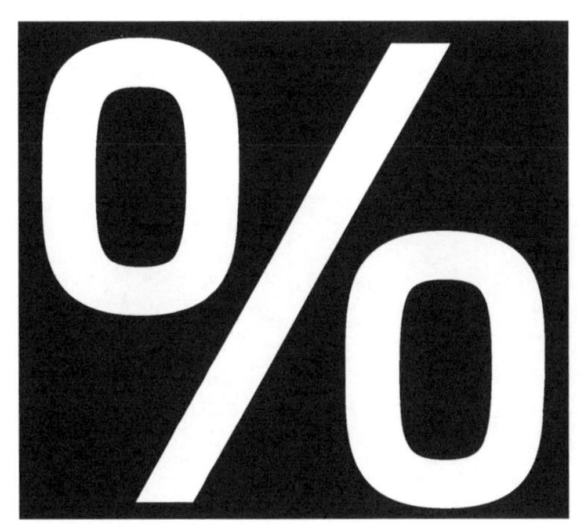

％の記号に見える 2 個の 0 が，100 という数字から来ている，という言い伝えが各地に残っています．それに対して，イタリア語の‘パーセント（per cento）’が時代とともに短縮されて‘pco’となり，さらに p がなくなって‘co’だけが‘％’に変わったという見方もあります

?! 126 1/89

89 はフィボナッチ数の中のフィボナッチ素数です．中でも 0 と 1 から始まって前 2 項の和を次の数としながら 0，1，1，2，3，5，8，13，21，34，55，89，…と続くフィボナッチ数列とはつぎのように関係します．

フィボナッチ数列のそれぞれの項に前から $1/10^0$，$1/10^1$，$1/10^2$，$1/10^3$，…を掛けた後に小数点を左へ 1 桁シフトすると，0，0.01，0.001，0.0002，0.00003，0.000005，0.0000008，0.00000013，0.000000021，…となり，それらを加えると 0.011235951… となって 1/89＝0.01123595505… に近づきます．ところが 89＝100－10－1＝$10^2-10^1-10^0$ です．もし各項に $1/100^0$，$1/100^1$，$1/100^2$，$1/100^3$，…を掛けて同様に小数点を左へ 1 桁シフトすると，0，0.001，0.0001，0.000001，0.00000002，0.0000000003，…となり，それらを加えると 0.000101020305… となって 1/9899 を見せます．9899＝$100^2-100^1-100^0$ です．同じように，各フィボナッチ数に $1/1000^0$，$1/1000^1$，$1/1000^2$，$1/1000^3$，…を掛けて同様に小数点を左へ 1 桁シフトすると小数点以下の 0 の数が 3 個ずつ増えて，0，0.0001，0.000001，0.000000001，0.000000000002，0.000000000000003，… となり，それらを加えると 0.000001001002003005008013…＝1/998999 となり，ここにはフィボナッチ数列が現れています．998999＝$1000^2-1000^1-1000^0$ です．

小数で表した 1/89

?! 127　0.0167

ヨハネス・ケプラーは，1609 年，太陽のまわりをまわる惑星が，昔から知られていた円ではなく楕円を描いてまわると主張して科学界に大変革をもたらしました．それは天文学者たちに天体の動きをより正確に知るようにうながしたのみならず，80 年後にはニュートンの重力理論を生む大きな支えになりました．

では楕円とはどんな曲線でしょうか．少し離れた 2 点を決めたとして，その 2 点に至る距離の和が一定の点の軌跡です．この 2 点を楕円の焦点といい，太陽系の惑星はその焦点のうち一つに太陽がある楕円の上をまわっています．ただし各惑星がまわる楕円のかたちは少しずつ違っていて，円に近くなったり細長くなったりします．そのかたちの違いを数で表すのが楕円の離心率です．離心率というのは焦点間の距離を一番長い幅（長径）で割った数値で，焦点が中心に重なる円の場合は 0 となります．地球がまわる楕円の離心率は 0.0167 で非常に円に近いです．

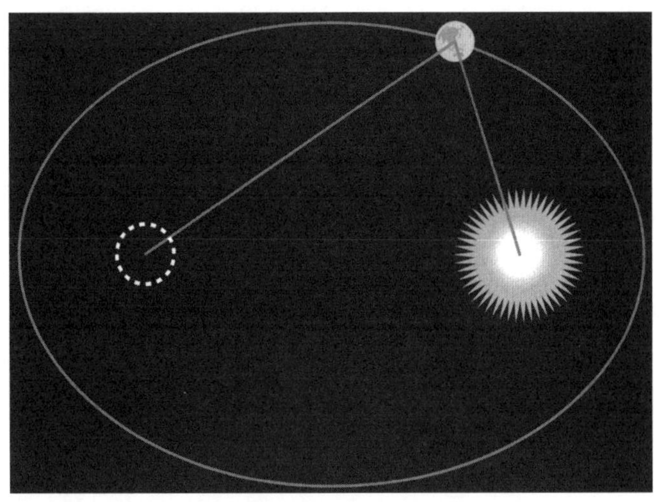

地球は太陽を焦点の一つとする楕円の上をまわっています．といっても，図と違って，ケプラーが見つけた地球が動く楕円はずっと円に近いです

?! 128 0.0458

もし新聞を買って，その中の数字だけを見ていったとすると，1から9までが平等に出てくると思いませんか．ところがベンフォードの法則によると，そうではありません．

実際の社会生活で目にする数字の現れ方は対数に従って変わるという現象をベンフォードの法則といいます．詳しくいうと，dという数字の表れ方の確率 x は $\log_{10}(1+1/d)$ になっています．式を変えると $10^x=1+1/d$ になって，d が 1 に近く小さいほど現れる確率は大きいということがわかります．たとえば 1 と 9 について見れば，9 は $\log_{10}(1+1/9)$ より 4.58%, 1 は $\log_{10}(1+1/1)$ より 30.10%の確率で現れます．それらも含めて 10 以内の自然数の現れ方をグラフで表すと図のようになります．

1が一番たくさん使われて9は一番少ないというこの法則を知らない大物ねらいの詐欺師は，大きな数は小さい数と同じように平等に出てくると思い込んで失敗しがちですが，法則を知っている警察はその失敗をすぐ見破ることができます．実際に，これまでに金融関係や経済活動あるいは科学実験などの分野でのインチキが，この法則によって見破られてきています．

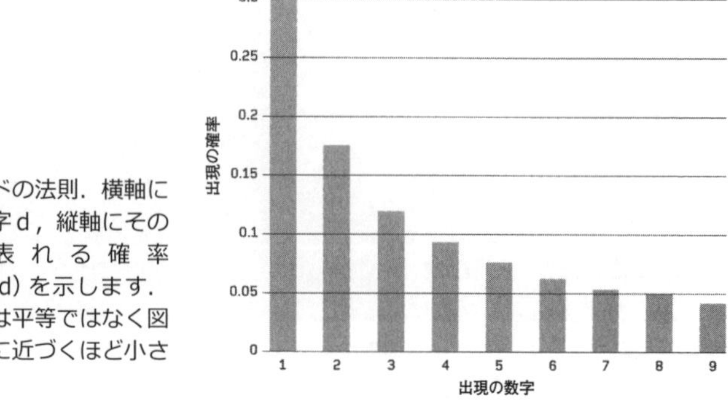

ベンフォードの法則．横軸に調べたい数字d，縦軸にその数字が表れる確率 $\log_{10}(1+1/d)$ を示します．dの現れ方は平等ではなく図に従って9に近づくほど小さくなります

?! 129 0.110001（リウヴィル定数）

すべての数はaとbを整数とする分数a/bで表される有理数とそれ以外の無理数に分けられます．そのうち無理数にはπや$\sqrt{2}$やϕ（黄金比）やe（自然対数の底）があります．ところがその無理数の中には他の無理数より‘もっと無理’と思われるものがあります．ある無理数は有理数で近似することができるのに，ある無理数はそれができないのです．たとえばπはだいたい3，もっと正確にいえば22/7，あるいは355/113といった有理数で近似的に表され，その場合，分母が大きくなればなるほど正確な有理数に近づきます．こうした数のいわば‘無理数度’を使うと，分母の大きさによって，その数がどれほどうまく分数で近似されているかを測ることができます．つまり分数で近似される無理数は，分母が小さければ小さいほど大きくなって有理数から離れ，分母が大きければ大きいほど有理数に近づくことになります．それによると，フィボナッチ数列において，無限に大きな隣り合わせの数の比，つまり前の数を分子，後の数を分母とする分数，で表されるϕは無理数度が非常に低く有理数に近いことになります．

このような無理数の中に，ほとんど無理数とはいえないほど有理数に近いリウヴィル定数があります．分母を大きくすればするほどこの定数に近づきますが，けっして一つの値にはなりません．これは最初に発見された超越数です．

$$L=\sum_{n=1}^{\infty} 10^{-n!} =$$

0.11000100000000000000000100

リウヴィル定数は，小数点以下，nの階乗つまりn!の位置つまり1，2，6，24，…のところに1を置き，あとはすべて0にした小数．πやeに並ぶ数で，有理数で作られた代数方程式の解にはならない数です

?! 130 0.1234（チャンパーノウン定数）

チャンパーノウン定数というのは，図に示すように，すべての自然数を最初から順に書き並べた小数です．どこにも繰り返し部分はありません．整数による分数では表すことのできない無理数で，しかも代数方程式の解にはならない超越数です．それにもかかわらずおもしろいことに‘正規数’なのです．つまりどの数字も，数字のどんな並びも，それぞれ同じ回数だけ含まれています．その回数が全体に占める割合は，桁数が大きくなるたびに，1桁の場合は10%，2桁の場合は1%，3桁の場合は0.1%などとなっています．

数学者たちは‘ほとんど’の無限に続く10進数は正規数になっていると考えています．といっても正規数であることを確かめるのはむずかしいです．超越数として知られる円周率のπや自然対数の底のeも正規数と考えられていますが，だからといってすべての数字やその並び方が無限に同じだけ出てくるかどうかはわかっていません．

0.12345678910111213
14151617181920212
23242526272829303
13233343536373839
40414243444546474
84950515253545556
57585960616263646
56667686970717273
74757677787980818
28384858687888990
91929394959697989 9 ...

チャンパーノウン定数

?! 131 0.2079

数字としての i は虚数といわれます．虚数というのは −1 の平方根つまり 2 乗すると −1 になる数のことで，ふつうに知られているような実際にある数ではありません．ところがびっくりすることに，この i を i 乗するとなんと約 0.2079＝0.207879576… という実数になるのです！　どんな計算をするのでしょうか．

実数についていえば，a の b 乗つまり a^b は，a を b 回掛け合わすことを意味します．たとえば 2^3 といえば 2×2×2 のことです．では i を i 回掛け合わすとはどういうことでしょうか．実数のような説明をしたのでは意味が分かりません．それで数学者は別の次のような説明の方法を考えだしました．

オイラーは $e^{ix}=\cos(x)+i\cdot\sin(x)$ という公式を見つけています．x は 180° を π とするラジアンで測る角度です．ここで x＝π/2（＝90°）とすると，この公式は $e^{i(\pi/2)}=\cos(\pi/2)+i\cdot\sin(\pi/2)$ となります．ところが $\cos(\pi/2)=0$，$\sin(\pi/2)=1$ ですから，$e^{i(\pi/2)}=i$ となり，両辺を i 乗すると，左辺は $\{e^{i(\pi/2)}\}^i=e^{-\pi/2}=0.207879576\cdots$，右辺は i^i となり，結局，$i^i=0.207879576\cdots=$ 約 0.2079 となります●．

i^i は約 0.2079

?! 132 2/9

数学上の注目すべき研究課題にカントール集合があります．数直線の表し方についての直感に挑戦するような矛盾に満ちた図形的問題です．

まず長さ１の直線を引きます．次にそれを３等分して中央の部分を消し，左右に残った２本の直線について同じようなことをします．そのような分割と消去を無限に繰り返すと，無限に短い点のような線分が無限にたくさん得られます．これらの線分は，どんなに小さい部分を拡大しても最初の３等分して中央を消した図形と似ているので，フラクタル（自己相似）図形といいます．

では，無限に分割するとどれぐらいの長さの線を消したことになるでしょうか．1/3 の部分を消したあと残った 2/3 の部分の 1/3 を消す，という計算を続けるのですから，消されていく線の長さは 1/3＋2/9＋4/27＋…＝1 となります．つまり最初の長さ１の線を全部消したことになります．ところが，驚くべきことに，（もはや数えるまでもなく）無限に小さな部分が残っています．悩ましいですが，全長を消したはずなのに，すべてが消えて真っ白になるということはありません．

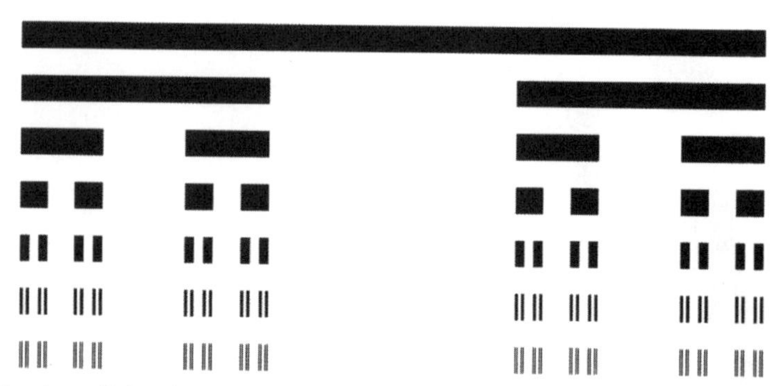

カントール集合．消したあと残る無限の点はカントール集合を作ります．これはじつはカントールが見つけたのではなく，ヘンリー・ジョージ・スミスが 1874 年に見つけ，それをカントールが 1883 年に紹介しました

?! 133　0.301 (log 2)

10 の x 乗が 2 のとき，$x=\log_{10}2$ あるいは $x=\log 2$ と書いて，x を，10 を底とし 2 を真数とする対数といいます．答は対数表より $x=0.301$ です．

17 世紀のジョン・ネピアは対数を高く評価しました．掛け算問題を足し算問題や引き算問題に置き換えることができるため代数計算を簡略化することができたからです．たとえば $\log(ab)=\log(a)+\log(b)$ とか $\log(a/b)=\log(a)-\log(b)$ というふうに計算できます．

対数表や昔のスライド式計算機は 1970 年代に電卓が広まるまで，代数計算のための必需品でした．こうした道具はどれも，望む数の対数を一瞬にして見つけて大きな掛け算の答を簡単に出すことができました．今ではもう対数を計算道具に使うことはほとんどありませんが，科学や技術の世界ではまだいろいろな場所で使われています．音響効果や地震の大きさ，酸性度，天体の輝度などを測るとき必要なのです．

ジョン・ネピア

?! 134 1/3

分数を小数で表すとき，しばしば，無限の数字を並べなければならないことがあります．たとえば 10 進法を使って 1/3 を小数で表す場合，10 を 3 で割り切ることはできないため，0.33333… というように無限に 3 を並べなければなりません．このことは 10 進法に限らず，何進法の場合でも起こることです．バビロニア人が使い始めた 60 進法でいえば，1/7 を小数で表すには，60 を 7 では割り切れないため無限の数字がいりますが，60 を割り切ることのできる 1/3 や 1/6 の場合は有限で済みます．

問題は，n 進法では，どんな分数なら，小数にした場合，有限の数字で表すことができるかということです．一つの数について，それを 10 進法で小数にすることができるのは，分母が 10 を割り切る素数の 2 か 5 か，あるいはその両方の積になっている分数に限ります．たとえば $8=2\times2\times2$ だから 1/8 は有限の数字で表すことができて 0.125 となります．また $20=2\times2\times5$ だから 3/20 は 0.15 となります．それに対して 60 進法では分母が 2，3，5 あるいはその積になっている限り有限の数字で表されます．60 が 2，3，5 の積になっているからです．したがってより多くの分数を有限の数字の小数で表すには 10 進法よりも 60 進法の方が便利ということになります●．

0.333333...

無限の 3 が並ぶ小数で表された 10 進法における 1/3

?! 135　0.3405（34%）

あなたは今晩，街でヒヤヒヤする映画を見ますか，それとも家でドキドキする数学問題を解きますか．ひょっとするとコインを投げて表が出るか裏が出るかで決めるかもしれませんね．といってもそんな運任せでは，先のことは予想できそうにありません．ところがじつはちゃんと予測できるのです．

その例が，コインが出す表と裏にしたがっていろいろな方向に動くランダムウォークという動きに見られます．たとえば１次元の直線上の世界で，コインを１回投げて，表が出れば前へ，裏が出ればうしろへ動くとすると，その場合はいつか出発点に帰ることを数学者たちは知っています．２次元の平面上の世界でも，コインを２回投げることにして，１回目で前後を決め，２回目で左右を決めながら，酔っぱらいの千鳥足のように，前やうしろ，さらに左や右へ進むとすると，いつか出発点に帰ることを数学者たちは証明しています．ところが前後，左右，上下に広がる３次元の空間では，コインを３回投げる必要があります．その場合出発点に帰るのは，コインを投げた回数に 0.3405 を掛けた回数つまり約 34%だけであることがわかっています．

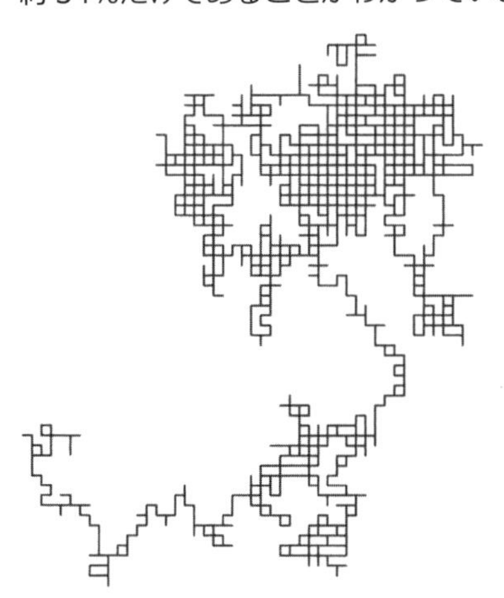

平面的に広がる町をさまよう 2500 歩のランダムウォーク．各交差点で左右上下方向にランダムに動きながら，数学上はいつかは出発点に帰ります

?! 136 0.3679 (1/e)

数学界には自然対数の底としての e(＝約 2.718) という有名な定数があります．その e の逆数 1/e つまり約 0.3679 (0.3679%) は‘結婚問題’とか‘お見合い問題’などと呼ばれる問題を解くのに便利です．

いま，アリスには 100 人の熱心な求婚者がいて，その人たちと順番に会うとします．その場合，会った求婚者には最高の人から最低の人までランクを付けることができますが，会ったその場で OK か NO かを言わなければならず，すべてはそれで決まります．アリスはどうすれば最高の人を見つけることができるでしょうか．最初から数えて全体の 36.79%までの求婚者には NO といい，そのあと，それまでに会った人よりはよいと思う人に白羽の矢を立てればいいのです．NO といった人の中に最高の人がいるかもしれませんが，その人を見逃す確率は 36.79%になり，もっといい人がいる確率こそ 63.21%となります．

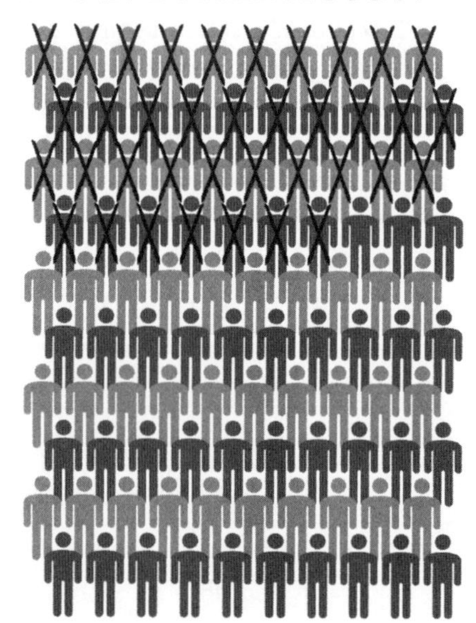

1/e というマジックナンバーは，求婚者の列の中から最高の人を選ぶ力を持っています

?! 137 0.4124

0から15までの数を8個ずつ二つのグループに分けて，両グループの数の合計も，各数を2乗した合計も，さらに3乗した合計も等しくするにはどうしますか．この問題は2進法に基づくトゥエ・モース数列というおもしろい数列を使うと解くことができます．

まず10進法の数を2進法で書くと，たとえば0から5までは，0，1，10，11，100，101となります．この各数について，1を奇数個含む奇数的な数（たとえば1や10）を‘1’，1を偶数個含む偶数的な数（たとえば0や101）を‘0’に置き換えて得られる0と1を並べた数列01101001…をトゥエ・モース数列といいます．この数列の順で好きな品物を取っていけば平等に分配できるという数列です．この0.1101001…を10進法に置き換えれば0.4124…となります．0から15までの数を二つのグループに平等に配分するには，まず0と1のグループに分け，10進法で順に，3，5，6，9，10，12，15番目とそれ以外の1，2，4，7，8，11，13，14番目に分けることになります．平等な証拠に，両方とも，各番号をそのまま加えれば60，2乗して加えれば620，3乗して加えれば7200です●．

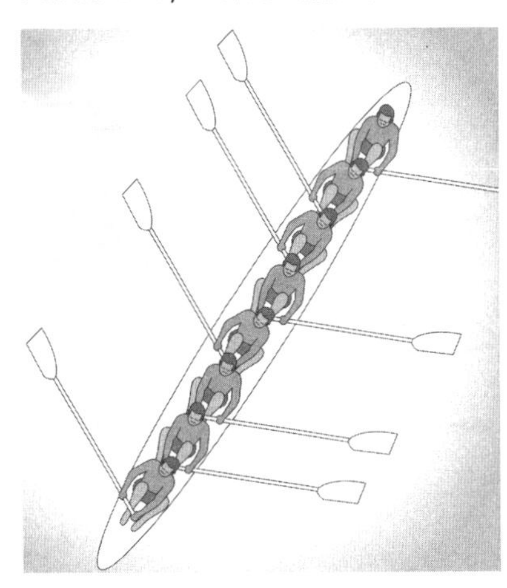

8人乗りのボートの漕ぎ手の最高の配置．トゥエ・モース数列01101001に従って，0を左，1を右と考えて，前から1，4，6，7番目は左，2，3，5，8番目は右にオールを持つと直進できます．同じように考えると，この数列は，二人の泥棒が盗んできた宝物を平等に分けるときにも使えます

?! 138　1/2

何かを二つに分けようとすれば，ふつうはちょうど半分にします．つまり全体を 1/2 にします．50%にする，あるいは0.5倍することです．

紀元前450年ごろの記録によると，古代ギリシャのエレアの哲学者ゼノンは，だれも動くことはできないという困ったパラドックスを1/2という数を使って言い出しました．ゼノンは「部屋を横切るためには，まずその部屋の半分のところまで行かなければならない．ところがそこまで行くためにはその半分つまり1/4のところまで行かなければならない．さらにその前に1/8，その前に1/16，というふうに無限に行かなければならず，けっきょく動けない！」と考えたのです．

このゼノンの2分割パラドックスの謎は，現代では，数学的にも物理学的にも無限の考え方を使って解かれています．数学的には無限に続く1/2+1/4+1/8+1/16… は1になるという計算によって，また物理学的には二つに分けることのできない最小の元素がある，という理論によってです．

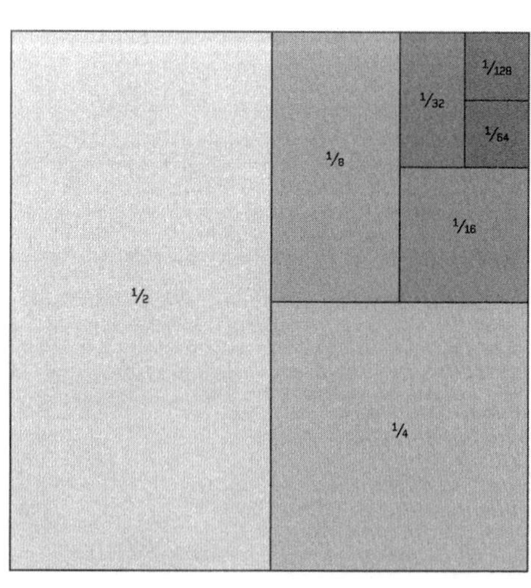

1×1の正方形を1/2に分けると，2個の1×(1/2)の長方形となり，そのうちの一つを1/2にすると2個の(1/2)×(1/2)の正方形になります．この分割をどこまでも続けると，面積は1/2+1/4+1/8+1/16+…=1となります

?! 139 0.506

アメリカの数学者であり気象学者でもあったエドワード・ローレンツは，1961 年，コンピュータを使って，気候の変わり方を再現しようとしていました．ある日，計算の繰り返しの無駄を省くため，前日途中で終わった計算をコンピュータに 0.506 からさせ始めました．ところが驚いたことに，コンピュータは前日とはまったく違った結果を打ち出し始めたのです．あとでわかったことですが，これはコンピュータが悪かったためでなく，人間による操作に問題があったのです．というのは前日最終画面は 0.506 になっていたのですが，コンピュータには 0.506127 として記憶されていたのです．たったの 3 桁の数字の追加が計算結果を大幅に変えてしまったことになります．その瞬間，ローレンツはカオス理論と呼ばれる数学上の現象に巡り合ったのでした．ここでのカオスというのは「でたらめ」を意味するのではなく，初期状態に非常に敏感なシステムのことです．

数学界におけるカオス理論は世間的には'バタフライ（蝶）効果'として知られています．つまりブラジルで蝶が羽ばたけばテキサスでは竜巻が起るというような効果のことです．数学的に言えば，初期状態での小さな変化が結果として大きな違いを生むということです

?! 140　0.56（56%）

数学のゲーム理論の分野に‘囚人のジレンマ’という話があります．

ある刑務所に，共犯罪で捕まった二人の囚人がいて別べつの牢屋に入れられています．警察では，二人とも懲役３年にしようとしましたが，それには証拠として自供させなければなりません．それで二人に別べつに次のように申し渡しました．

「もし二人とも黙秘を通すならそれぞれ懲役１年とする．もし二人とも自供するならそれぞれ懲役３年とする．もし一人が自供し一人が黙秘するなら，自供した方は釈放し黙秘した方は懲役５年にする」と．

そうすると囚人は二人とも，「懲役１年で済むかもしれないからヤツは黙っているに違いない．それなら，自供すればオレは釈放になる．もしヤツがしゃべったとして，オレも自供すれば懲役３年だ．ところがもし黙っていたらオレは懲役５年になる．どっちみち自供した方が得だ」と思って自供して，けっきょく二人とも予定通り懲役３年になるに違いありません．もし懲役５年を覚悟して二人とも黙っていれば二人とも懲役１年で済んだのです．

カジャビーとラングの調査によると，現実には，2013年に収監されている囚人の56%は，懲役５年になるかもしれないのに，申し合わせたように黙秘しています．黙秘すると損という数学的計算がけっして現実的には受け入れられていない証拠です

?! 141 0.6602 (C_2)

約 0.6602 は C_2 あるいは π_2 といわれる双子素数定数で，双子素数の分布を調べるハーディ-リトルウッドの予想で使われています．

双子素数というのは，たとえば 11 と 13，あるいは 41 と 43 のように 2 だけ離れた素数のことで，無限にあると予想されています．では数直線上ではどんな密度で現れ，どこにどれほど見つかるのでしょうか．

ある数 x までのすべての素数の数は約 $x/\log_e(x)$ です．このうち双子素数は，ハーディ-リトルウッドの予想によると約 $2C_2x/\{\log_e(x)\}^2$ となります．証明はまだされていません．

C_2 は p を素数とする $p(p-2)/(p-1)^2$ のかたちのすべての数の積として計算されます．つまり無限の分数の積のことですが，個々の分数は，たとえば p = 101 のときの $101\times99/100^2=0.9999$ のように 1 に近づきます．その結果，C_2 は 0.6602 となります．

$$\prod_{\substack{p>2 \\ p\ \text{prime}}} \frac{p(p-2)}{(p-1)^2} = \frac{3\cdot1}{2^2}\times\frac{5\cdot3}{4^2}\times\frac{7\cdot5}{6^2}\times\frac{11\cdot9}{10^2}\times\cdots$$

ハーディ-リトルウッド予想

?! 142　2/3

確率論の話題の一つに，アメリカのテレビ番組で評判になった‘モンティ・ホール問題’というのがあります．解答者の前に１台の新車と２匹のヤギを１匹ずつ隠した三つのドアがあって，新車を隠したドアを当てればそれがもらえるという番組です．

まず初めに解答者が一つのドアを指さします．そうすると司会者のモンティは，そのドアとは別のヤギのいるドアを開けて，そのドアでいいですか，もし心配なら代えてもいいですよ，といいます．では解答者はどう答えるべきか，という問題です．

この問題を初めて知った人は，たいてい，残る二つのドアのどちらかの裏に車があるはずだから当たる確率は 1/2 で，代えても代えなくても同じだろうと思います．ところがじつは代えた方が当たる確率は高くなるということを，マリリン・ボス・サヴァントが主張しました．当たる確率は，代えれば 2/3，つまりドアを代えれば勝つチャンスは２倍になる，というのです．それに対して，世界中の天才的数学者たちから反論が寄せられましたが，その後マリリンの正しさが認められています．

モンティ・ホール問題はときどき‘マリリンとヤギの問題’といわれています．世界最高の知能指数 IQ の持ち主といわれるマリリンが，1990 年，ニュース雑誌「パレード」の‘マリリンにお任せ’というコラムで，ドアを代えれば 2/3 の確率で当たると主張しました●

?! 143 0.682 (68%)

あるスーパーマーケットでは重さがだいたい 40 グラムのレモンをどれも同じ値段で売っています．ではだいたい 40 グラムというのはどれぐらいの範囲をいうのでしょうか．

統計学者は，こうした場合のレモンの重さについて，平均値からどれだけ離れているかを示す標準偏差を使って考えます．まず個々のレモンの重さの平均値を求め，その平均値からの個々の重さの違いの 2 乗を計算します．この 2 乗した違いの平均値を‘分散’といい，その分散の平方根を‘標準偏差 σ（シグマ）’といいます．たとえば 3 個のレモンの重さが 30，40，50 グラムだったとすると，その平均値は 40，分散は $\{(30-40)^2+(40-40)^2+(50-40)^2\}/3=66.67$ で，$\sigma=\sqrt{66.67}=$ 約 8.17 になります．この σ が 0 の場合が平均値です．

こうして計算される平均値を 0，標準偏差を $\pm n\sigma$ として横軸上に，データの量を縦軸上に目盛ってグラフを書くと，図のような吊鐘状のベル曲線（正規分布曲線）が得られます．この曲線の下側の一番大きな面積はもっとも暗い約 68%の部分です．ここに入るデータは，平均値との違いがもっとも少ないです．40 グラムのレモンについては，38～42 グラム程度なら，68%が 40 グラム前後になります●．

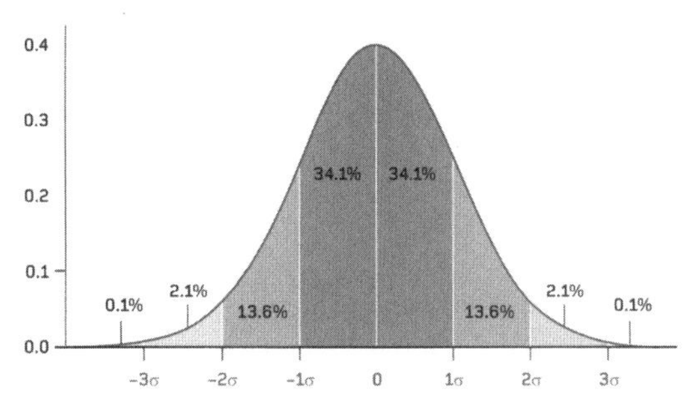

標準偏差 σ は，正規分布曲線の下側の面積を使って，調べたいデータの平均値 0 からの散らばり具合を示します．つまり 68.2%は $\pm1\sigma$，95.4%は $\pm2\sigma$，約 99.6 %は $\pm3\sigma$ の範囲にあります

?! 144 0.6928

どんなに拡大しても縮小しても同じような模様が見える図形をフラクタル図形（自己相似図形）といいます．そのうち最初に知られるようになった例の一つがコッホの雪の結晶で，1904 年にヘルゲ・フォン・コッホが見つけました．

コッホの雪の結晶を描くには正３角形から出発します．まず各辺を３等分し，その真ん中の線分を１辺とする小さな正３角形を描いて，真ん中の線分を消します．あとは同じような作図を繰り返すと小さな３角形が星形６角形のかたちにつながった雪の結晶のようなかたちに近づきます．

このような作図を無限に繰り返したものがコッホの雪の結晶です．その場合，辺の長さは各段階で 4/3 ずつ増えますから，最後には無限になるはずです．ところがおもしろいことに，面積は有限なのです．もし最初の正３角形の１辺の長さが１だったとしたらその面積は $(\sqrt{3})/4$ で，最後の雪の結晶の面積は $(2\sqrt{3})/5$ つまり約 0.6928 となります．これは最初の３角形の面積の 8/5 です．

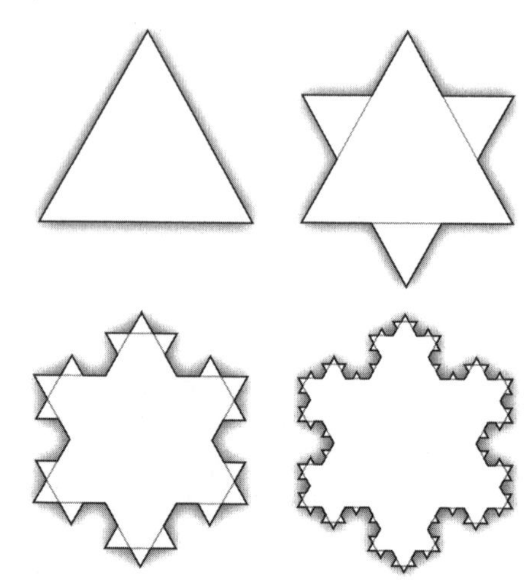

コッホの雪の結晶の描き方

?! 145 0.6931 ($\log_e 2$)

$x=\log_e 2=\ln(2)$ で表される 2 の自然対数 x は，e=2.718 として $e^x=2$ を満たします．この x は無理数でしかも超越数になっていて約 0.6931 となります．

質量などが半分になったり 2 倍になったりする何らかの過程や反応はこの $\log_e 2$ を使った公式で記述される傾向があります．たとえば崩壊する放射性物質の半減期というのがあります．これは放射性物質が最初の質量の半分になるのに要する時間を意味して，ガン治療や放射性炭素年代測定，あるいは原子力発電などで活躍します．崩壊速度が λ の場合，半減期は $\log_e 2/\lambda$ となるのです．

数学上の $\log_e 2$ は，交代調和級数の極限値になるというおもしろい性質があります．つまり (1/1)－(1/2)＋(1/3)－(1/4)＋… という計算を無限に続けた場合，その合計は有限の値 $\log_e 2$ になることがわかっています．ところが，すべての項を正数に置き換えた調和級数として計算すると無限大の∞になるため，この級数は条件収束するとして知られています．リーマンの級数定理によると，条件収束する級数は，項の順序を入れ替えることによって，∞や －∞ を含むどんな和にも収束させることができます●．

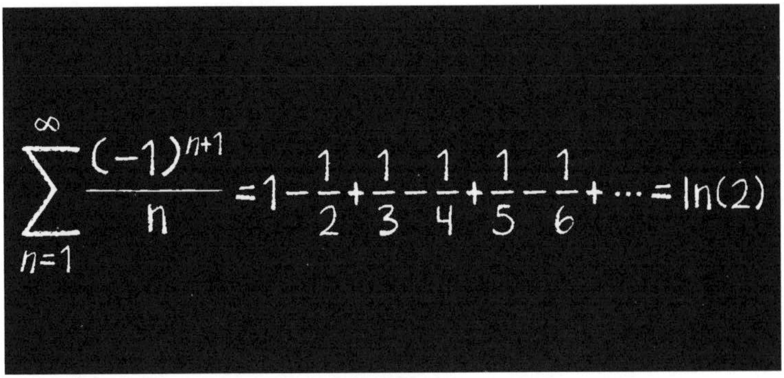

$$\sum_{n=1}^{\infty}\frac{(-1)^{n+1}}{n}=1-\frac{1}{2}+\frac{1}{3}-\frac{1}{4}+\frac{1}{5}-\frac{1}{6}+\cdots=\ln(2)$$

交代調和級数

?! 146　0.7048

円はどんな幅も一定になっています．つまりどんな直径も同じ長さを持っているということです．おもしろいことに，それと同じ性質を持つ図形には，円のほかにもルーローの３角形があります．

ここでいう‘直径’という言葉はちょっと複雑です．つまり平面上に一つの凸図形（どんな直線とも２点だけで交わる図形）があるとして，その辺や頂点に接するたがいに平行な２直線の間の距離をいいます．図の正方形の上と下の辺ならびに左と右の辺は，ルーローの３角形についてのそのような平行線です．その平行線の間の距離が１となった図形は直径が１の円のほか無限にありますが，その中で，ルーローの３角形は最小の面積 0.7048 を持ちます．

ルーローの３角形は，正３角形の一つの頂点を中心とし辺長を半径とする円弧を各頂点のあいだに描いた円弧正３角形となっています．それを拡張すると，どんな奇数正多角形からも円弧正多角形を作ることができ，コインのかたちなどに利用されています●．ふつうの円形のコインと同じく幅が一定だから自動販売機でも使えます．

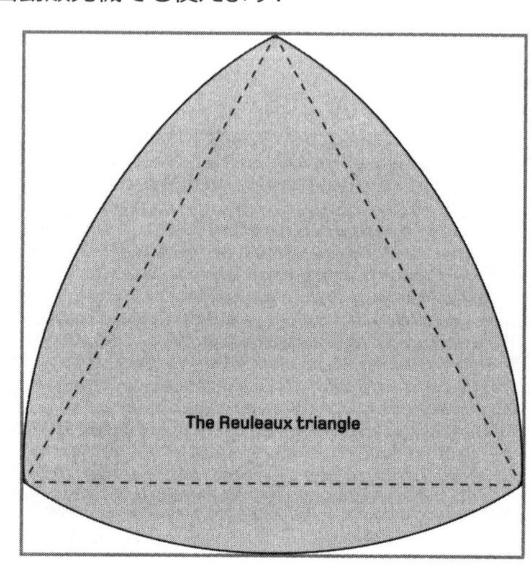

ルーローの３角形．
ドリルの穂先のかたちにすればカドは除いて正方形の穴があけられますよ

?! 147 0.7405（74.05%）

16 世紀のこと，探検家ウォルター・ラライフは，まん丸の大砲の弾をもっともたくさんうまく積むにはどうすればよいか悩みました．それで自分の船に乗っていた天文学者のトーマス・ハリオットに相談したところ，ハリオットは友人のケプラーに問い合わせて，図のような，積み方を教えました．まず平たい地面の上に右上の図のような正 3 角形格子状に 1 層だけならべると，3 個ずつの球で囲まれた窪みができます．その窪みに 2 層目の弾を置く，という風に正 3 角形格子状に積んでいくのです．もし無限に積むと体積は空間の 74.05%を占め，それ以上の空間を占める積み方は見つかりません．この，どの球のまわりにも 12 個の球が接しながら周期的に並んでいく積み方が最密配置になっているだろうという予想はケプラー予想といわれ，その正しさが証明されたのは 400 年後の 20 世紀末でした●．

17 世紀末には，ケプラー予想の正しさを支持するニュートンと，反対するグレゴリーの論争があったりしましたが，19 世紀中ごろ，ガウスは，周期的な場合にはケプラー予想が正しいことを証明しました．完全な証明は，1998 年，トーマス・ヘイルズがコンピュータを使って行いました．

みかんを積んだ最密球配置．ヘイルズは，ケプラー予想を証明するため，5000 を超えるこのような球配置をコンピュータに描かせました．その証明が完全に数学者の間で認められたのは 2017 年のことでした

?! 148 3/4 (3 : 4)

19 世紀中ごろ，ハーモノグラフという，2 本の振り子の動きを組合わせて幾何学図形を描く作図道具が発明されました．一つの振り子でペンを動かし，もう一方の振り子で作図用紙を動かして，いろいろな曲線を自動的に作図する道具です．

同じころ，フランスの物理学者リサジューは，直交する二つの単振動を組合わせたリサジュー曲線を見つけました．音の周波数の測定などに使われる曲線です．その場合，2 本の振り子の振動数の比が 3 : 4 のように自然数で表されるなら閉じた曲線になり，その比によってかたちが図のように変わってきます．比が同じなら円になります．ハーモノグラフはこのリサジュー曲線を作図する道具として便利でした●．

リサジュー曲線はその美しさでアーティストや数学者を魅了してきました．音響技術者は左右に広がる音響効果の調整に使い，宇宙技術者は太陽系を巡る宇宙船や人工衛星が最小のエネルギーで回ることのできる安定した軌道を決めるのに利用します．

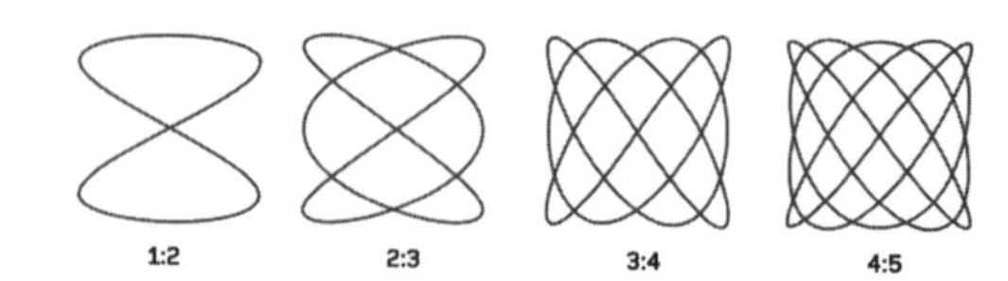

リサジュー曲線．上はハーモノグラフで作図したもの．2 本の振り子の振動数の比の違いによっていろいろな姿を見せます．下はたがいに直交する 3 本の振り子があるとした場合の振動数の比が 3 : 4 : 7 の 3 次元リサジュー結び目

?! 149　0.765

無限個の多面体が側面同士を合わせながら隙間なく重なり部分もなく空間を埋め尽くす立体をブロック積みといいます．立方体による空間埋め尽くし立体はその一つです．平面を多角形で隙間なく敷き詰めるタイル貼りの3次元版です．

1887年，ケルビンは，もっとも小さい表面積でもっとも大きい体積を覆うブロック積みとして切頂8面体によるブロック積みを考えました●．

このケルビンの答は，イギリスの二人の物理学者デニス・ウィアとロバート・フェランが2種類の多面体によるもっと小さい表面積のブロック積みを見つけた1993年まで信じられていました．ウィア-フェランのブロック積みはケルビンのブロック積みと比べると，体積は約1%大きく，表面積は約0.3%小さいです▲．

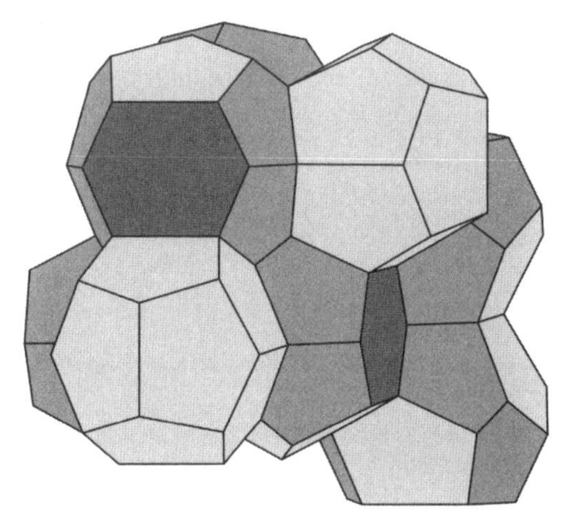

ウィア-フェランのブロック積みのユニット．1種類の5角形12枚でできる12面体2個と，1種類の6角形2枚と2種類の5角形12枚でできる14面体6個でできています(図で同じ濃さの多角形は同じです)．できるブロック積みは，2008年の北京オリンピックのときの水泳競技場‘水立方’の建物のデザインに使われました■

?! 150 4/5

現代人はいろいろな分数を使って計算をすることができます．ところが古代エジプト人は，分子が 1 になった分数を‘単位分数’と呼び，それだけを使って計算しました．たとえば 4/5 は 1 種類だけの単位分数で表せば 1/5＋1/5＋1/5＋1/5 となりますが，4/5 を 8/10 と考えれば図のように 8/10＝1/2＋1/5＋1/10 となり，同じく 16/20 と考えれば 1/2＋1/4＋1/20 となって，異なる単位分数で表すことができます．

イタリアの数学者フィボナッチは，1202 年に出した『計算盤の書』の中で，どんな分数もすべて異なる単位分数の和で表すことができるという‘取り尽くし算法’を書き残しました．表そうとする分数について最初にまずその中の最大の単位分数を取り出し，そのあと残りの部分からまた同じことをして取り尽くしていくのです．4/5 でいえばまず 1/2 を取り出し，残った部分から 1/5 あるいは 1/4 を取り出すということになります．分子が 2 か 3 のかたちの場合はエジプト方式によって最大三つの異なる単位分数の和にすることができることがわかっています．ただし，エルデシュ-ストラウス予想によると，分子が 4 以上の場合，いつも三つの異なる単位分数の和にすることができるかどうかはわかっていません．コンピュータによると n が 10^{17} までの 4/n についてはできますが，それ以上は不明です．

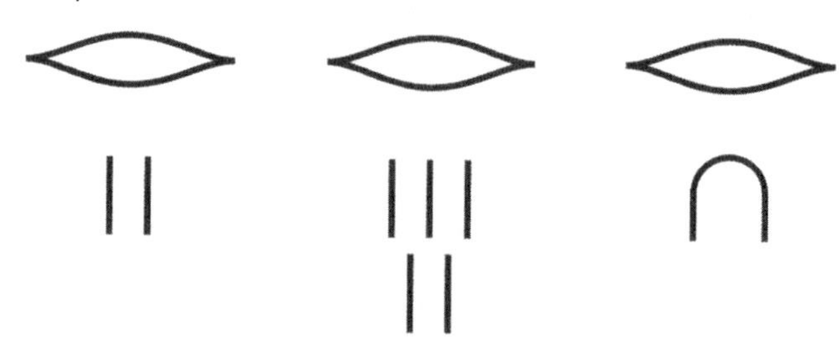

古代エジプト式に書いた 4/5．下段の縦棒 1 本は 1，逆 U 形は 10 を示していて，左から 2，5，10 を意味します．最上段の目のかたちは，それぞれの数が単位分数の分母となることを意味します．したがって，1/2＋1/5＋1/10＝4/5 となります

?! 151 0.8927 (89.27%)

浴室やトイレの床や壁を1種類だけのいろいろな正多角形のタイルで隙間なく重なり部分もなく埋め尽くして‘タイル貼り’しようとするとき，正3角形と正方形と正6角形は使えますが，正5角形や正7角形や正8角形ではどうしても隙間ができます．

ではその隙間はどんな場合に最大になるでしょうか．正多角形の場合はつぎのような問題があります．つまり，最密配置して隙間がもっと小さくなったときの隙間が，最大になる正多角形を探すのです．最初に思いつくのは，無限の辺を持つ正多角形としての円による最密円配置の場合で，平面の90.69%を覆いますが，これは答ではありません．というのは正8角形の最密配置の場合は90.61%しか覆わないのです．ところが最近，正7角形の最密と思われる配置を調べたところせいぜい89.27%しか覆えないことがわかりました．ただしこれが正7角形の最密配置かどうかはわかっていません．

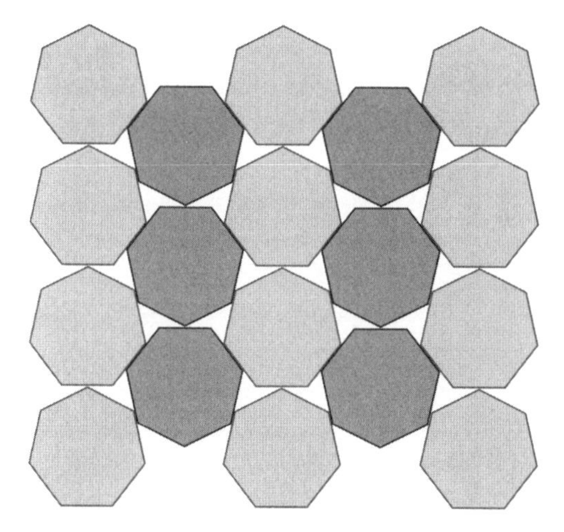

正7角形による隙間の面積がもっとも小さくなる最密かもしれない配置．円や他の正多角形による最密配置の中では，もっとも大きい隙間を持つと考えられます●

?! 152 0.9999

無限に9が続く0.9999… という数には直観できない悩ましい議論がつきまといます.

この数について，多くの人は，数というよりは，むしろ，どこまで行っても1に近づくだけでけっして1にはたどり着かない中途半端な，数でない数，と思うかもしれませんが，数学者は正確に1に等しいといいます．といってもふつうの人にとって，無限に長いくせに限界がある9の連鎖を思い浮かべることはほとんど不可能でしょう．だれかに「0.999… は1からどれほど離れていますか」と尋ねたら，だれでもきっと「0.000… と0が無限に続いたあと，最後に1がつく数だけ離れています」と答えるに違いありません．この答は数学的に厳密ではありませんが，数学者がいうように「0.999… は1です」というよりもっと確からしく思われます.

ところが数学者はつぎのように考えているのです．いま，$x=0.999\cdots$ として，両辺を10倍すると，$10x=9.999\cdots$ となります．この左辺から x を引くと $9x$，右辺から 0.999… を引くと9となります．つまり $9x=9$ で $x=1$ となります.

0.9999999999999999999999
99999999999999999999999
99999999999999999999999
99999999999999999999999
99999999999999999999999
99999999999999999999999
99999999999999999999999
99999999999999999999999
99999999999999999999999
99999999999999999999999
99999999999999999999999
9999999999999999999999 …

悩ましい 0.99999…

?! 153　$\sqrt[12]{2}$ (1.0595)

言い伝えによると，ある日，鍛冶屋の前を通りかかったピタゴラスは，何人もの職人がつぎつぎとハンマーで鉄を叩きながら，いろいろな調子の音を奏でているのに気がつきました．中でも，ハンマーの長さが整数比になっているときは特別に美しく調和する響きを出していたのです．この逸話がもとになって，純正律とかピタゴラス音律といわれる8音階の音調調整システムを使っていろいろな楽器が作られるようになりました．それによると，特別に美しく響き合う‘完全音程’にはドとファの間の完全4度，ドとソの間の完全5度，ドから次のドまでの1オクターブの間の完全8度の3種類があって，それぞれにおけるハンマーの長さの比つまり周波数の比は4：3，3：2，2：1となります．

この純正律で問題になるのは，隣同士の音律が一定ではないことです．それで18世紀以来，西洋音楽ではドを2回数える13の鍵のあいだで決める‘十二平均律’を使うようになりました．つまり1オクターブの周波数の比は2：1のまま，それを12等分して隣同士の音律を一定にするのです．その場合，1度と8度（1オクターブ）を除いて簡単な整数比はなくなりますが著しく違った音律はなくなります．

では，ドを2回数える場合の13の鍵のあいだの12の音の隣り合うもの同士の周波数の比はいくらになりますか．答は $\sqrt[12]{2}$：1つまり1.0595：1です．

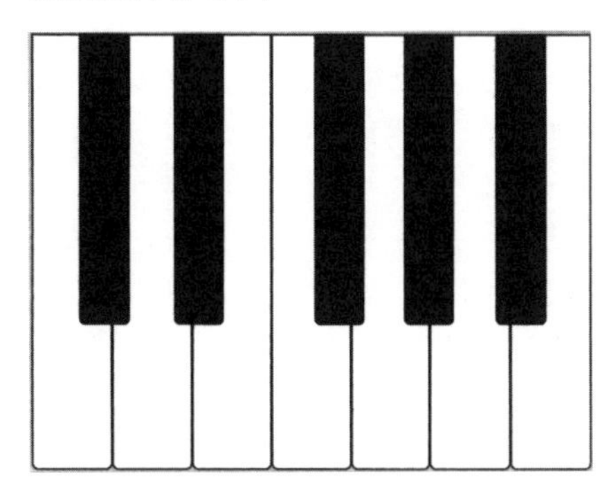

現代のピアノは十二平均律で調律されます．この場合，2個と3個合わせて5個の黒鍵ならびに8個（図に1個追加）の白鍵合わせて13個（すべてフィボナッチ数）の隣同士の鍵の周波数の比はすべて同じです．古い方法で調律された楽器を使う古い作曲家の曲はいま聞く曲とは違っていたと思われます

?! 154 1.202（アペリー定数）

nの逆数は 1/n です．この逆数について，数学者は長い間，和はどうなるか調べてきました．たとえば，自然数の逆数の和 1/1+1/2+1/3+1/4+… は無限です．同じことは素数の逆数の和についてもいえます．ところが，自然数の平方つまり２乗の逆数の和 $1/1^2+1/2^2+1/3^2+1/4^2+\cdots=1/1+1/4+1/9+1/16+\cdots$ は有限で $(\pi^2)/6$ となります．２乗以上のn乗の場合も同じように有限で，そのうちとくに３乗の場合の $1/1^3+1/2^3+1/3^3+1/4^3+\cdots=1/1+1/8+1/27+1/64+\cdots=1.2020569\cdots=$ 約 1.202 をアペリー定数といって $\zeta(3)$（ゼータ３）と書きます．

単純な式ですが，この定数は不思議な性質を持っています．そのことは，この数が整数の分数では表せない無理数であることがわかった 1978 年まで誰も知りませんでした．しかも平方数の逆数の和は $(\pi^2)/6$ になることがわかっているのに，アペリー定数を求める単純な式はまだ知られていません．もし三つのかってな自然数たとえば 3，5，7 を考えたとして，それらすべてを正確に割り切ることができない数がある確率は $\zeta(3)$ の中の１回つまり 83%です．

$$\zeta(3)=\frac{1}{1^3}+\frac{1}{2^3}+\frac{1}{3^3}+\frac{1}{4^3}+\frac{1}{5^3}+\cdots$$

アペリー定数という名前はこの数が無理数であることを証明したフランスの数学者ロジャー・アペリーにちなんで付けられました．量子力学で電子スピンを計算するときなどに出てくる数ですが，それを計算する簡単な式はまだ誰も知りません

?! 155 $\sqrt[3]{2}$ (1.2599)

紀元前４世紀ごろのこと，古代ギリシャのデロス島で伝染病がはやりました．困った市民はデルファイの神様に助けを求めました．神様はアポロ神の祭壇を２倍にすれば助けてあげると約束しました．その祭壇は立方体のかたちをしていましたので人びとは各辺の長さを２倍にしました．ところが伝染病はますます広がる一方でした．

困った市民は，数学者のプラトンに相談しました．するとプラトンは，辺の長さでなく祭壇の体積を２倍にしなければいけません，といったのです．辺の長さを２倍にしたのでは体積は $2\times2\times2$ の８倍になってしまいます．これでは２倍したことにはなりません．辺の長さを２の３乗根つまり $\sqrt[3]{2}$ にしなければいけなかったのです．そんなことをいわれても一体どんな長さなのかわからず，病気は広がる一方でした．

この立方倍積問題，別名デロスの問題，の謎が解かれたのはそれから2000 年も後になってからでした．無理をしてだいたいの答を出すのでよければ，1.2599 となってそんなにむずかしくはありませんが，プラトンはじめ古代ギリシャ人たちが求めていたのは幾何学的に正確な答でした．つまり $\sqrt[3]{2}$ の長さの線を，コンパスと目盛のない物差しだけで作図しなければならなかったのです．1837 年，フランスの数学者ピエール・ウォンツェルは，それが不可能であることを証明しました．

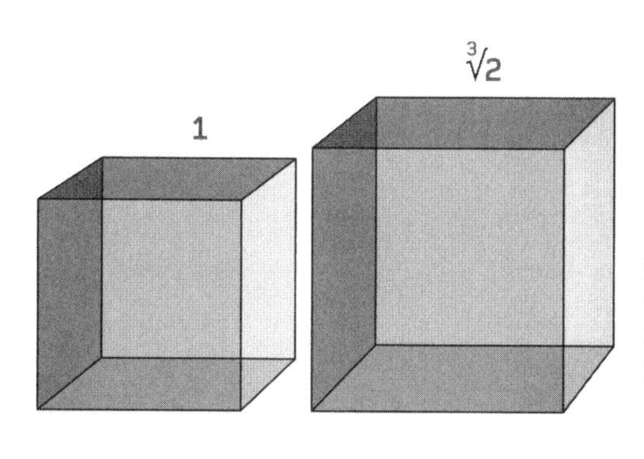

立方倍積問題．辺の長さを $\sqrt[3]{2}$ = 約 1.26 倍すると左の立方体の体積は右の立方体のように２倍になります●

?! 156 $\sqrt{2}$ (1.4142)

古代ギリシャのピタゴラス主義者は，自然数を，宇宙のあらゆる謎を解く道具として崇めてきました．

それに一撃を加えたのが，仲間の一人のヒッパソスによる，自然数の比では説明できない2の平方根，つまり$\sqrt{2}$の発見でした．$\sqrt{2}$は1辺が1の正方形の対角線の長さになっていますから，図で示すのは簡単です．といっても自然数の比で表すことはできません．このような数のことを今では無理数といいます●．

ヒッパソスは，この神をも恐れない無理数の発見をしたため，地中海に沈められるという悲惨な最期を遂げました．

現代では，無数の無理数が見つかっています．そのうち代表例である$\sqrt{2}$を近似値で表せば1.4142＝1.414159… となり，他のあらゆる無理数と同じく，小数点以下，決して繰り返さず無限に続きます．

ヒッパソスはどんな方法で$\sqrt{2}$を見つけたのでしょうか，次のようにも考えられます．もし$\sqrt{2}$が自然数の比で表せるなら，同じ数では割り切ることのできない二つの自然数 a と b を使って$\sqrt{2}$＝a/b と表すことができ，$2b^2=a^2$となってa^2つまり a は偶数となり 2k に置き換えることができます．そうすると$b^2=2k^2$より b も偶数となります．これでは同じ数では割り切ることができないはずの a と b が両方とも2で割り切れてしまいます．つまり$\sqrt{2}$は a/b にはならない数になります▲

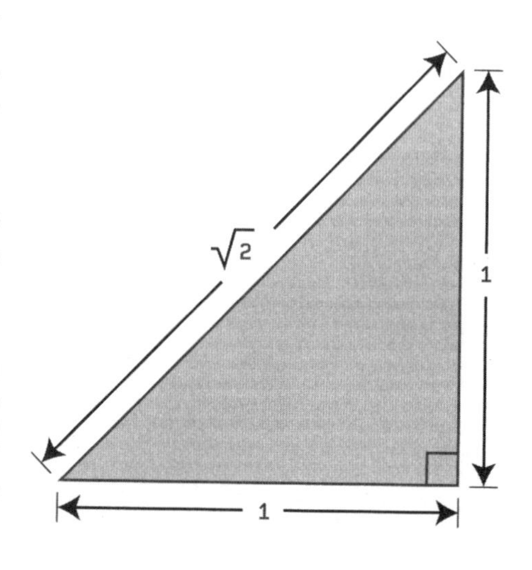

?! 157 1.4472

いま，正５角形の頂点に立っている５人の数学者が全員同時に時計まわりに歩き始め，すぐ前にいる人に話しかけようとしたとします．では，数学者たちはどんな風に動くのでしょうか．

答は図のようになります．数学者はらせんを描きながら進み，ついには最初並んでいた５角形の中心で全員が会います．もし最初の５角形の１辺が１km だとすると，各数学者は 1.4472 km だけ歩くことになります．正確には，$(5+\sqrt{5})/5$ km あるいは $1/(1-\cos 72°)$ km です．このらせんは，中心からの距離が掛け算で増えていく対数らせんで，オウムガイの貝殻の巻き方や銀河の腕の広がり方，あるいはネズミを追うタカの飛び方のような追跡線にもなっています．

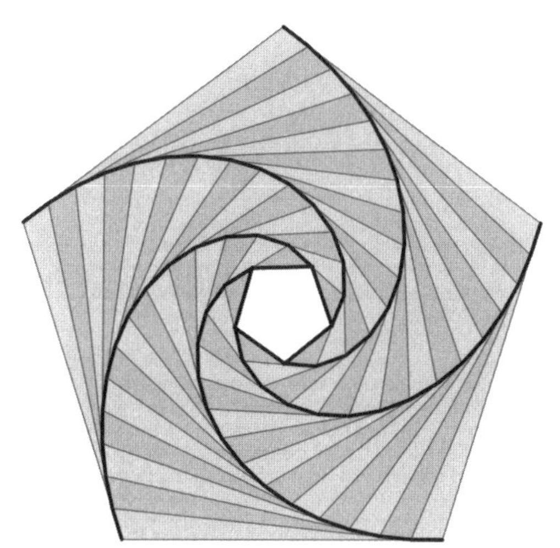

１辺 10 cm の正５角形の頂点から出発する追跡線は次のように作図します．まず，各辺上に各頂点から時計まわりに１cm の距離を目盛ります．得られた隣同士の点を結ぶと少し小さい正５角形ができますので，その５角形でまた同じことをします．こうして得られた点を滑らかにつなげばでき上がりです

?! 158 1.5236

細長いコヨリを作って，それを半分に折り曲げて広げると左上の図のように「く」の字形になります．それを畳んで元の長さの半分の長さの線にし，それをまた半分に折り曲げて広げると右上の図のように２個の「く」の字形が端点でくっついたかたちができます．同じような，折り曲げたり畳んだりしては広げていく作業を続けた場合，コヨリは右下の図のようになって，いつも「く」の字形が直角に曲がりながらつながっています．しかも左（反時計まわり）と右（時計まわり）の曲がり方は，図に示すようにいつも決まった順に並びます．つまりどんなに拡大しても縮小しても自分自身と同じパターンになっています．これを‘ドラゴン曲線’といいます．数学的には１次元の直線と２次元の平面の中間の図形です．というのはこの曲線は直線が集まりながらも最終的には平面を埋め尽くして２次元の面積を持つと考えられるからです．このような曲線があることは 1890 年にペアノが原理を見つけるまで誰も知りませんでした．

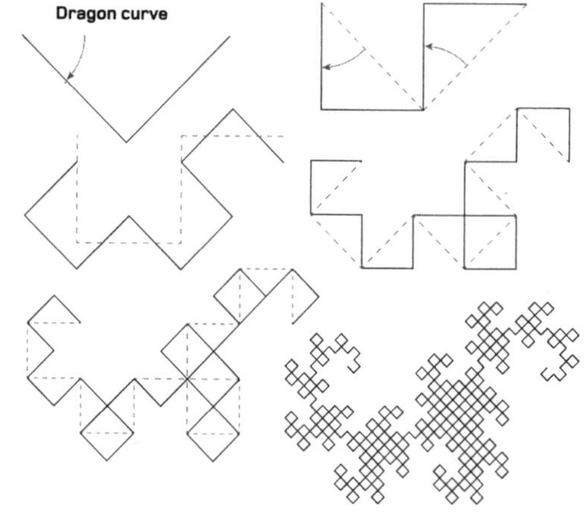

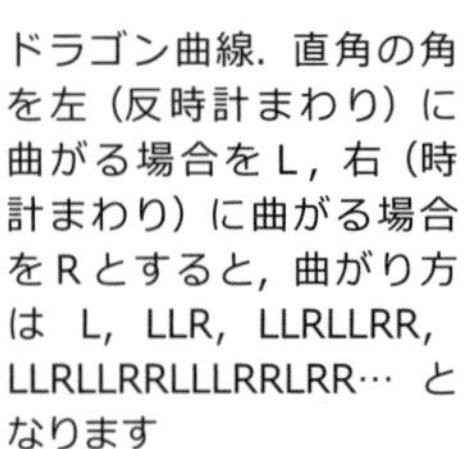

ドラゴン曲線．直角の角を左（反時計まわり）に曲がる場合をＬ，右（時計まわり）に曲がる場合をＲとすると，曲がり方は　L，LLR，LLRLLRR，LLRLLRRLLLRRLRR…　となります

?! 159　$\pi/2$ (1.5708)

乱暴な調べ方はときには非常に正確な結果を生むものです．‘ビュフォンの針’といわれる実験は，その一つのおもしろい例を見せます．この実験では，平行線が等間隔に引かれた紙の上に針をでたらめに投げるだけでπの値を計算します．

まず同じ長さの大量のn本の針と，針の長さと同じ間隔の平行線が描かれている紙を用意し，その紙の上に針をつぎつぎと勝手に投げます．そのあと平行線と交わる針の数mを数えると，なんとだいたい，$n/m=\pi/2=1.5708$ となります●．

本当をいうと，直線の針（needle）の代わりに長さの等しいぐにゃっと曲がったうどん（noodle）を使っても，同じ結果が得られます！ただしうどんの場合，同じ平行線と何度も交わることがあり，そのときはすべての交点数で計算します．

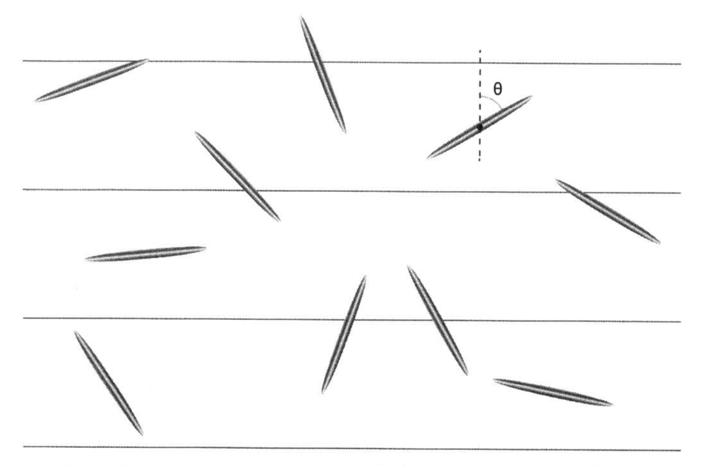

10本の針を，針の長さℓと同じ間隔の平行線が引かれた紙の上に投げた様子です．6本の針が平行線と交わっています．つまり，$10/6=1.57$ となってだいたい$\pi/2$を見せます．もっとたくさんの針を投げると，もっと$\pi/2$に近づきます．ℓを1，針の中心から近い方の平行線までの距離をx，その距離と針のなす角をθとすると，xが$(\cos\theta)/2$より小さい場合針は平行線と交わるからです

?! 160 1.585 (log 3 / log 2)

シェルピンスキーの３角形という豪華なクリスマスツリーのような図形が数学のさまざまな分野の思いがけないところに出てきます．

この３角形は，１枚の正３角形を４個の正３角形に分割して中央の３角形を取り除く，といった作業を，新しく生まれた正３角形についても行うことで得られます．得られる図形は自己相似図形つまりフラクタル図形になっています．

シェルピンスキーの３角形は，点のランダムな配置を利用した‘カオスゲーム’によっても作図できます．まず１枚の正３角形を描き，その内部の勝手な位置に１点を打ちます．続いてその点と正３角形の３頂点を結ぶ３線分のそれぞれの中心に１点ずつ点を打ちます．この点と，また正３角形の３頂点とを結び，各線分の中心に新しい点を打ちます．このような作業を何百回か繰り返すと，各点は最初の正３角形の中にシェルピンスキーの３角形を作ります．さらに，パスカルの３角形?! 36で奇数の部分を黒く塗りつぶしてもシェルピンスキーの３角形が現れます●．

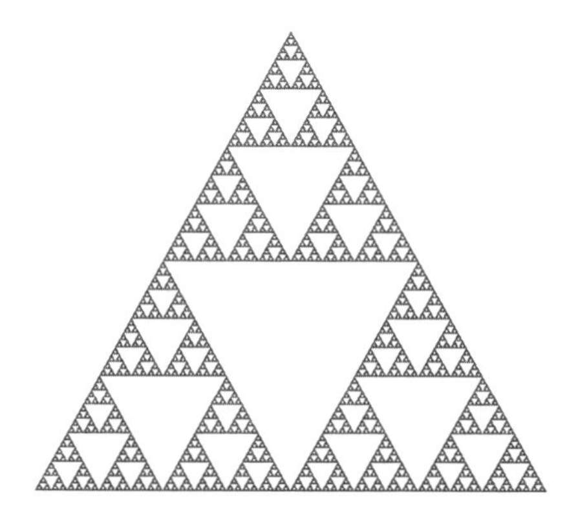

シェルピンスキーの３角形．この３角形は１次元の線と２次元の面のあいだにあって，つぎのような次元を持ちます．
つまり辺を 1/a にしたとき b 枚の面で構成されるとして $a^d = b$ が成立すれば，その図形のフラクタル次元を d とします．対数でいえば $d = \log_a b = \frac{\log b}{\log a}$ です．シェルピンスキーの３角形の場合は a = 2, b = 3 ですから次元は $\frac{\log 3}{\log 2}$ = 約 1.585 となります▲

?! 161　ϕ (1.618)

黄金比 1 : ϕ を決める数 $\phi=(1+\sqrt{5})/2=$ 約 1.618 は，たんに黄金比ともいわれて数学界でもっとも有名な数の一つになっています．1本の直線を a : b に分けたとして，長い a に対する短い b が全体の a+b に対する a の比になるとき，つまり a : b＝(a+b) : a になるとき，a : b は ϕ : 1 になります．

代数的には，$\phi : 1=(\phi+1) : \phi$ より，$\phi^2-\phi-1=0$ の正の答として $\phi=(1+\sqrt{5})/2=$ 約 1.618 となります．また $\phi+1=2.618=\phi^2$ です．さらに $\phi-1=0.618=1/\phi$ です●．

前二つの数を足していくフィボナッチ数列にも関係しています．つまり，隣り合わせの数の比を分数で表せば 1/1，2/1，3/2，5/3，8/5，…，は 1，2，1.5，1.67，1.6，…となって黄金比に近づきます．じつは，1，1 に限らず，どんな 2 数から始めても，前 2 項を加えて次の項としていくと，続く 2 項の比は黄金比に近づきます．

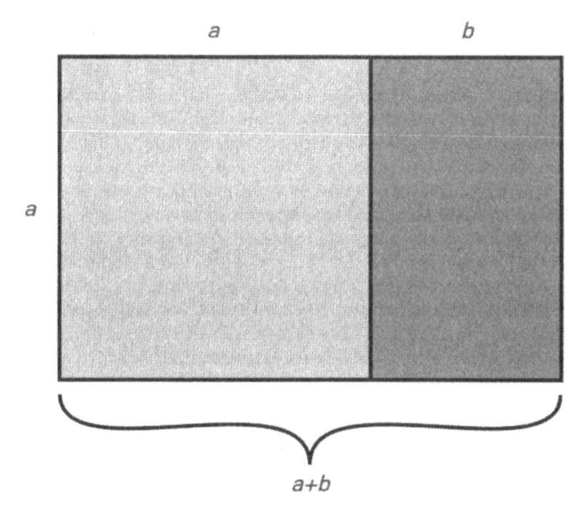

黄金長方形．
a と a+b が黄金比になっているとき，a と a+b を 2 辺とする黄金長方形を作図することができます．この長方形は 1 辺が a の正方形と，2 辺の比 a : b が黄金比になった小さめの黄金長方形に分割することができます．これを空間で考えると黄金直方体が得られます▲

?! 162　$\pi^2/6$ (1.6449)

1650 年のこと，ピエトロ・マンゴリというイタリア人が，数学者たちをその後ほとんど 100 年間悩まし続けた，平方数についての問題を出しました．ベルヌーイ家の 3 代にわたる天才もそれを解こうとして失敗しました．それにちなんでこの問題はベルヌーイ家があったスイスのバーゼルにちなんでバーゼルの問題といわれています．

つまり，すべての自然数の平方の逆数の和，$1/1^2+1/2^2+1/3^2+\cdots=1/1+1/4+1/9\cdots$，を正確に求める問題です．無数の項でできていますが，計算を進めるにしたがって和は一つの数 1.6449 に近づいていきます．といっても小数点以下 2 位までの 1.64 を出すだけでも 1000 回を超える計算をしなければなりません．

この難問題を解決したのが，同じバーゼルの住人だったオイラーで，だれも予想もしなかった答 $\pi^2/6$ を出しました．天才的なひらめきによって平方数の和を三角関数に関係づけて解いたのです．

$$\frac{\pi^2}{6}=\frac{1}{1^2}+\frac{1}{2^2}+\frac{1}{3^2}+\frac{1}{4^2}+\frac{1}{5^2}+\cdots$$

自然数の平方の逆数の和

?! 163 1.6829

フラクタル図形の一つにフランスの数学者マンデルブローの考えたマンデルブロー集合というのがあります．複雑な細部をものともせず単純な外観を見せる図形です．ここに示す図もその集合を表していて，複素平面?! 194上に描かれています．

この図はふつう次のように絢爛豪華に色付けされます．つまり，さまざまに決める数 z の 2 乗に一つの複素数 c(=a+bi) を加えて z^2+c を計算し，得られた答を z として再び z^2+c に代入する（つまり $z \leftarrow z^2+c$）という計算をどこまでも繰り返した場合に，z とともに c がどういう風に変わるかによって，c を色分けするのです．たとえば c が一定の境界の中に納まる場合は黒く塗ります．もし境界がなくどこまでも発散する場合は，大きくなる度合いに応じて色分けします．そのうちの黒い部分がマンデルブロー集合で，計算をいくら繰り返しても z の絶対値が発散しない c の集まりを意味します．

マンデルブロー集合の正確な面積についてはまだわかっていません．2015 年，ある数学者集団は上限が 1.6829 であると計算しましたが，その後 1.506 に近づけることができました．

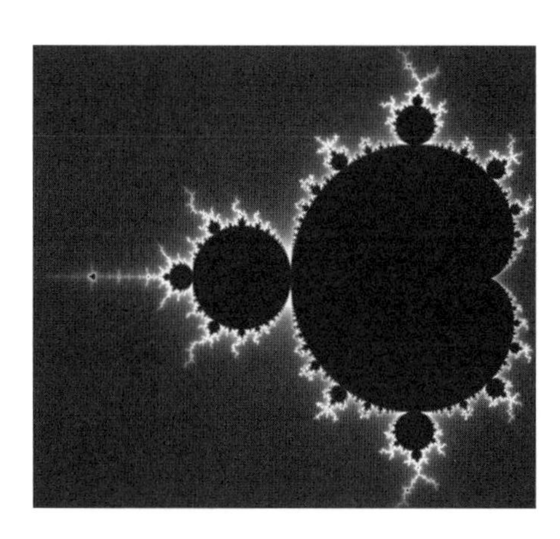

マンデルブロー集合．複素平面上の 1 点 c の色は $z=x^2+c$ で決められた数がどんなに早く無限に近づくかを示しています．たとえば c=1 のとき，$1^2+1=2$，$2^2+1=5$，$5^2+1=26$ などとすばやく境界なしに大きくなります．ところが，c=−0.5 のときは，
$(-0.5)^2-0.5=-0.25$，
$(-0.25)^2-0.5=-0.4375$，
$(-0.4375)^2-0.5$
$=-0.30859375$ などとなって一定の境界内に納まり，その内側は黒く塗られます

?! 164　$\sqrt{3}$ (1.7321)

2次元の平面幾何学では，$\sqrt{3}$ は正3角形というもっとも基礎的なかたちの中に現れ，いろいろな三角関数の公式に関係します．たとえば1辺が1の正3角形の高さは，ピタゴラスの定理を使って計算すると $\sqrt{3}/2$ となります．

言い換えると $\sqrt{3}$ は，1辺が1の正6角形の対辺同士の間の距離ということになります．また $\sin 60° = \sqrt{3}/2$ であり，$\tan 60° = \sqrt{3}$ でもあります．あまりよく知られていないことですが，$\sqrt{3}$ は三角関数を使った 3°，12°，15°，21°，24°，33°，39°，48°，51°，57°，66°，69°，75°，78°，84°，87° の計算にも現れます●．

3次元の立体幾何学では，$\sqrt{3}$ は1稜が1の立方体の中心を通る立体対角線の長さになります．一般に，3稜が a，b，c の直方体の立体対角線の長さを d とすれば，ピタゴラスの定理の3次元版を見せる $d^2 = a^2 + b^2 + c^2$ となります．

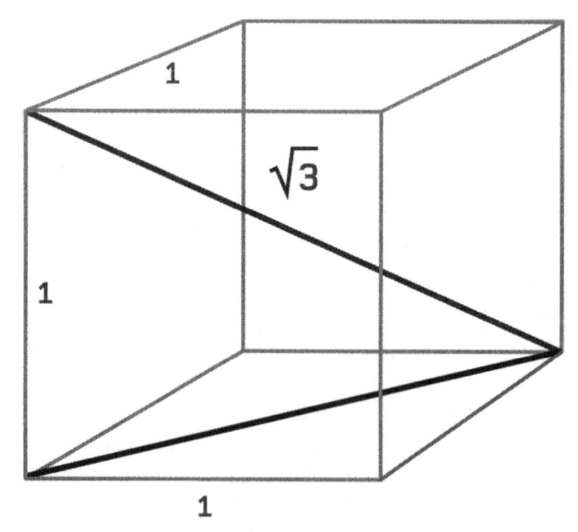

立体対角線．1稜が1の立方体の立体対角線についていうと，長さは，ピタゴラスの定理の3次元版により，$\sqrt{1^2+1^2+1^2} = \sqrt{3}$ となります

?! 165 $\sqrt{\pi}$ (1.7725)

生まれたばかりの赤ん坊の体重と，SNS の加工写真のぼやけ具合と，数学上の定数である e や π との間には図のような正規分布曲線ともいわれるベル曲線を見せるという関係があります．たとえば生まれたばかりのたくさんな赤ん坊の体重を集めると，平均値に非常に近い値がもっとも多く，それから少しだけ重いとか軽い場合はある程度多くなりますが，もっと重くなったり軽くなったりすると急に少なくなります．

数学者のガウスは，このかたちの曲線を作るいろいろなガウス関数について調べました．そのうちもっとも一般的なものについていうと，横軸上の値が x の場合，縦軸上の値は e^{-x^2} となります．e というのは自然対数の底で 2.718 です．この曲線の下の部分の面積は，驚くなかれ $\sqrt{\pi}=1.7725$ です．いろいろな出来事の確率を考える確率論者は，その出来事についてのこの面積を $\sqrt{\pi}$ で割らなければなりません．全確率としての全面積を 1 に置き換えるためです．

e^{-x^2} はグラフィックデザイナーにとっても役立っています．たとえばフォトショップを使うとき，ノイズ交じりの画像を平滑化するとき使われるからです．その場合，ぼやかしの中心から離れたピクセルにおいては，ぼやける影響は中央部分よりも小さくなり，その割合はベル曲線を見せます．

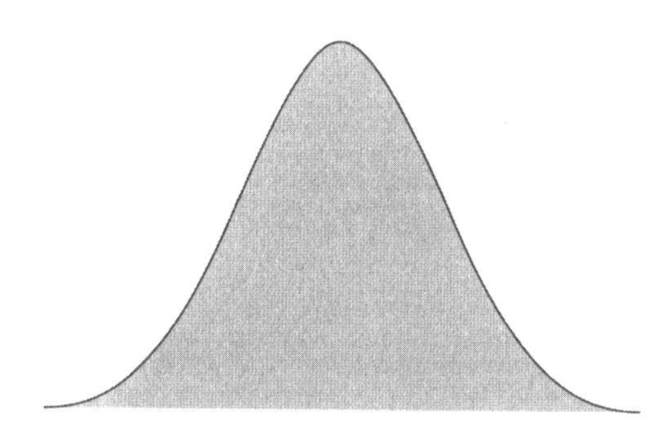

吊鐘形のベル曲線（正規分布曲線）

?! 166 1.9022（ブルン定数）

ブルン定数というのは，すべての双子素数の逆数の和のことで，約 1.9022 です．双子素数というのは，たとえば 5 と 7，17 と 19，107 と 109 のように，2 だけ離れた素数のことです．2 というのは素数の中のただ一つの偶数で，2 を超える偶数は素数ではありません．また 2 は素数の間隔になる最小の数で，その 2 だけ離れた 2 個の素数が双子素数ということになります．この双子素数が無限にあるかどうかということは，数論でまだ解かれていない大問題の一つです．

素数全体についていえば，すべての素数 p の逆数 1/p の和は無限です．それはそのまま素数は無数にあるという証明にもなります．ビーゴ・ブルンは，1919 年，この方法を双子素数の逆数の和に適用することによって双子素数は無限にあるかどうかという問題に挑戦しました．つまり，p と p+2 を素数とするときの (1/p)+1/(p+2) のすべての和を考えたのです．驚くべきことにその結果は有限の 1.90195 ± 10^{-5} つまり約 1.9022 で，それがブルン定数です．このことは双子素数が無限にあるという証明にはなりませんが，もしこの数が無理数であることが証明されれば，双子素数は無限にあることになります．

$$\sum_{p,\,p+2\ \mathrm{prime}} \left(\frac{1}{p}+\frac{1}{p+2}\right) = \left(\frac{1}{3}+\frac{1}{5}\right)+\left(\frac{1}{5}+\frac{1}{7}\right)+\left(\frac{1}{11}+\frac{1}{13}\right)+\cdots$$

ブルン定数

?! 167 2.2195

引っ越しをするとき，‘ソファ問題’ という未解決の数学問題に直面します．L 字形に曲がる廊下に沿って動かすことのできるかたちの平面図の最大面積を求める問題です．

いま，廊下の幅を 1 とします．またソファの平面図の奥行きも最大 1 とします．その場合，半径 1 の半円形のソファなら簡単に動かすことができます．面積は $\pi/2=1.57$ です．

ところがもっと面積を大きくすることができます．図に示した廊下を曲がるソファはジョン・ハマーズレイが見つけたものです．電話の受話器のようなかたちをしていて，耳元と口元の部分は半径 1 の円板の 1/4，取っ手部分は $1\times4\pi$ の長方形から半円を切り抜いたかたちになっています．面積は 2.2074 です．さらに大きくすることもできます．最近の最大記録としては 1992 年にジョセフ・ジャーバーが見つけた面積 2.219531669 のものがあります．18 個もの直線または曲線の部分がつなぎ合わせられたものです●．

ソファ問題．平面図で L 形になっている廊下の角を曲がることができるソファの平面図の最大面積を求めてください．数学者はせいぜい $2\sqrt{2}=2.8284$ が最大と考えています．証明はできていません

?! 168 2.4142

黄金比 1 : 1.618 ほどは知られていませんが，近い姉妹に白銀比 1 : $1+\sqrt{2}=1$: 2.4142 があります．二つの数 a と b があるとして，a : b が (2a+b) : a に等しい場合，a : b を白銀比といいます．a : b が (a+b) : a に等しい場合は黄金比です．白銀比は正 8 角形の 1 辺とそれに平行な対角線の長さのあいだにも見られます．

2 辺の比が白銀比 1 : $1+\sqrt{2}$ の白銀長方形の両端から正方形を一つずつ取り除くと残った部分はまた白銀長方形になります．同じような操作はどこまでも続けていくことができます．この性質はA判やB判で決められている用紙のかたちにも関係していて，A判，B判の用紙の片隅から短辺を 1 辺とする正方形を取り除くと残った部分は $\sqrt{2}-1$: 1，つまり 1 : $1+\sqrt{2}$ となります．

方程式でいうと $x^2-2x-1=0$ の根になっています．それに対して黄金比は $x^2-x-1=0$ の根で，ただ x の係数が 1 と 2 に違っているだけです．また係数が 3 の場合を青銅比といい，4 以上にもいろいろな金属の名前が付けられています．それらを合わせて ‘金属比’ といいます●．

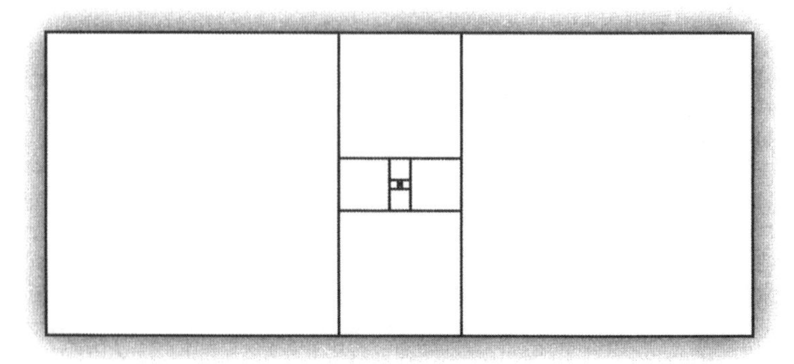

白銀比 1 : $1+\sqrt{2}$．この白銀比を 2 辺とする長方形の両端から，短辺を 1 辺とする正方形を 2 個切り取れば残った部分はまた同じ白銀比になります．この作図はどこまでも繰り返すことができます▲

?! 169 　2.6651 ($2^{\sqrt{2}}$)

$\sqrt{2}$ は無理数で，整数の分数では表すことができません．ただし有理数を係数とする 2 次方程式 $x^2-2=0$ の根ですから，有理数ではなくても代数的数ではあります．この $\sqrt{2}$ を指数とする $2^{\sqrt{2}}$ = 約 2.6651 はゲルフォント=シュナイダー定数といわれます．

1900 年，ヒルベルトは当時未解決だった 23 個の数学問題を列挙しました．その第 7 問題は，a も b も代数的数で，a は 0 でも 1 でもない代数的数，b は無理数，とすれば a^b はいつも超越数になることの証明になっていました．1919 年，ヒルベルトは，リーマン予想?! 186に並ぶむずかしさを備えていることに気付き，ゲルフォント=シュナイダー定数は超越数だろうといっています．それが証明されたのは，1930 年，ロディオン・カズミンによってでした．

おもしろいことに，無理数の無理数乗は有理数になることがある，という定理があります．その定理の正しさを示す例として，ゲルフォント=シュナイダー定数の平方根 $\sqrt{2^{\sqrt{2}}}$ は，$2^{\sqrt{2}}$ が有理数か無理数かにかかわらず，有理数になります．つまり，もし $\sqrt{2^{\sqrt{2}}}=\sqrt{2}^{\sqrt{2}}$ が有理数なら，当然定理は正しいです．また，もし無理数なら $\sqrt{2}$ 乗は $(\sqrt{2}^{\sqrt{2}})^{\sqrt{2}}=(\sqrt{2})^2=2$ となってやはり定理は正しいです●．

ゲルフォント=シュナイダー定数

?! 170　e (2.7182)

約 2.7182 であるe（ネイピア数）は 0，1，π，i と並んで，数学上もっとも重要な数の一つとなっています．対数計算の要である自然対数の底であり，生活上は貯金の複利の計算に関係する重要な数でもあります．関数 $y=e^x$ で与えられる y の自然対数 $\log_e y$ は科学の世界において非常に大切です．

17 世紀のさまざまな異分野の研究の中で次第に頭角を現してきた e は，数学上は比較的新しい数といえます．1731 年に最初に e の概念を提案したのは公式 $e^{i\pi}+1=0$ を見つけたオイラーでした．計算してみると，e^x は変化する割合がいつも自分自身と同じになる独特の曲線を描きます．

この e は無理数の中の超越数で，小数で書く場合は小数点以下無限に続いて繰り返し部分はありません．代数的上は階乗数の逆数の和 $1+1/(1!)+1/(2!)+1/(3!)\cdots$ となります●．

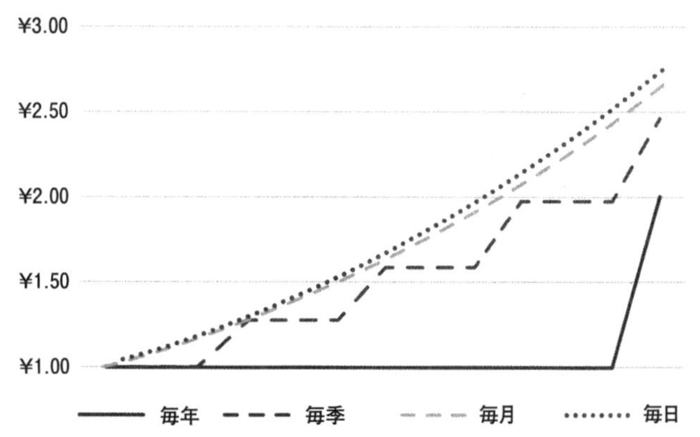

複利計算．利子のついた貯金を下ろすとき，1 年に一度 100%返してもらうより，複利にして小分けするほど多くなります．いま，1 万円投資すると 1 年後には 2 万円返ってくるとします．ところが複利にして 1 年に 2 回もらうとすると 1 万円 $\times(1.5)^2=2.25$ 万円，4 回もらうとすると 1 万円 $\times(1.25)^4=2.44$ 万円になるのです．最大で毎日もらうとすると結局 1 年間で 1 万円でなく 1 万円 $\times e=2.7182$ 万円もらえることになります

?! 171 2.7268

メンガーのスポンジという，無限大の表面積を持つのに体積のない立体があります．

このスポンジを作るには，まず一つの立方体を 3×3×3 の 27 個の小さい立方体に分割します．そのあと外側の中央にある 6 個と，内側の中央にある 1 個の合わせて 7 個の立方体を取り除くと，20 個の立方体が残ります．同じことを，残った個々の立方体でも行います．体積を見ると，もともと 27 個あった立方体は最初の段階で 20/27 に減り，無限に繰り返すと限りなく 0 に近づきます．ところが面積を見ると，もともと 9×6=54 枚あった正方形は最初の段階で (8×6)+(4×6)=72 枚に増え，無限に繰り返すと限りなく大きくなります．ではこれは 2 次元のかたちなのでしょうか，それとも 3 次元のかたちなのでしょうか．

それを考えるとき役に立つのがフラクタル次元 d です ?! 160．ふつうの 1 稜 1 の立方体でいえば稜長が 2 になると体積は 2^3 になります．それに対してここでは，稜長 1/3 の立方体が 20 個集まっています．したがって次元を d とすると，$3^d=20$ となり，d=2.7268 となります．つまりメンガーのスポンジは $3^2=9$ となる 2 次元と $3^3=27$ となる 3 次元の間にあることになります．

メンガーのスポンジの積み上げ式作り方．まず 1 個の小さい立方体 20 個で中空の立方体を作り，その中空の立方体をまた 20 個集めて大きな中空の立方体を作る，という積み上げを続ければできあがりです．どんなに細かい部分を見ても同じようなかたちが組み合わされているので，自己相似図形つまりフラクタル図形です

?! 172　π (3.1415)

歌や映画はじめ小さい記憶媒体から巨大な計算機にいたるまで私たちの文化やメディアに対してπほど影響を与える数はほとんどありません.

πは円の外周と直径の長さの比を決めます．円がどんなに大きくても小さくてもその比はいつも一定でπ＝約 3.14159 となっています．無理数の中の超越数で，小数で書く場合は小数点以下繰り返し部分はなく無限に続きます．その数の並びは，これまであらゆる乱数試験に通ってきました．同時に，数字が均一に並ぶ正規数とされていて，πの中のどんな数の並びも同じ回数だけ現れるようなのです.

それほどですから，πの数字をできるだけたくさん並べることは称賛に値する離れ業になります●．よく知られている記録では，現代になってインドのラジベール・メーナが小数点以下 7 万桁まで出しましたが，2019 年にはエンマ・ハルカ・イワオが 31.4 兆桁まで計算しました．宇宙の外周を 1 個の原子の大きさをもとに正確に出すとしても 39 桁の数しかいらないにもかかわらずです▲.

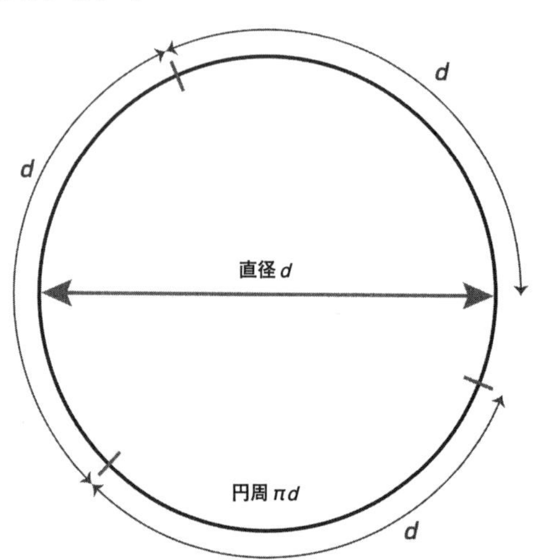

円の外周の長さは，直径の 3 倍より少し多めの超越数のπ倍つまり約 3.14159 倍です．半径 1 の円の面積はπです

?! 173　22/7 (3.1429)

円周率πはギリシャ語でパイと読みます．それで数学者たちは3月14日（3.14）をパイ・デーといって，パイを食べたりしてお祭り騒ぎをします．といってもほんとうにπを愛する数学者は，むしろ7月22日にお祝いをします．22/7(＝3.142857…)は3.14よりもう少しπの正確な数に近いからです．

このπは無理数です．ということは整数のaとbを使ったa/bというような有理数としての分数では表せない数です．といっても，何とか工夫してそのような分数に置き換えると便利です．それで昔から，できるだけ簡単で正確な値が出る分数を探してきました．たとえば，22/7と179/57は両方とも小数点以下2桁まで正確ですが，22/7の方が分母が1桁なので使いやすいです．正確さでいえば355/113は小数点以下6桁まで合うので，便利です．22/7がπに近いことをだれが最初に見つけたのかはっきりはしていませんが，ふつうには紀元前3世紀のアルキメデスではないかといわれています．

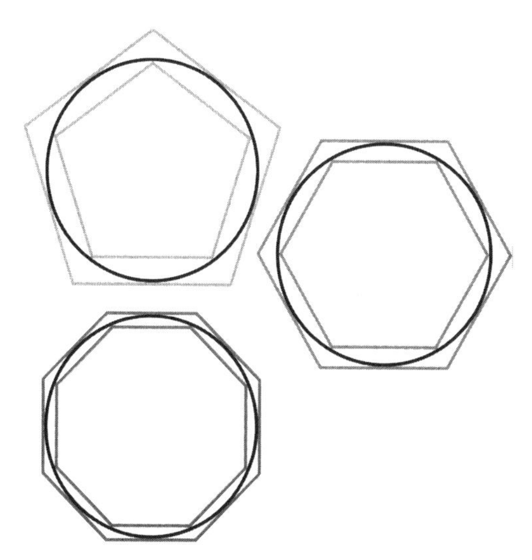

アルキメデスは，一つの円に内接ならびに外接する正多角形を描くことによって，円の周長の近似値を計算しました．その場合，正多角形の辺数を多くすれば多くするほど，値は正確になります．アルキメデスが考えたのは正96角形で，πは3+10/71（＝3.1408）と3+10/70(＝3.1429)のあいだにあることがわかりました．それによるとπを8/1000の精度で求めることができます

?! 174　3.57

　単純に動いたり増えたりするからといってそのあとを簡単に予測できるとは限りません．そのことは単純に増加していた人口が急に混沌とした状態になることを見せるロジスティック曲線を調べればわかります．

　さまざまな生物の個体数は，数が少ないときは食料などが十分あるため争いもなく単純に増えますが，生活環境の悪化や資源の枯渇が進むと，増え方はゆっくりになります．その様子を的確に見せるといわれるのが放物線になったロジスティック曲線で，時間 n のときの個体数を x_n として反復関数 $x_{n+1}=rx_n(1-x_n)$ で表されます． r は増え方を決める変数で，この r の決め方で増え方は周期的になったり非周期的になったりします．とくにマジックナンバーの 3.57 になったときは，突如，個体数は乱雑に変化し始め，識別不可能になります．カオスの始まりです．

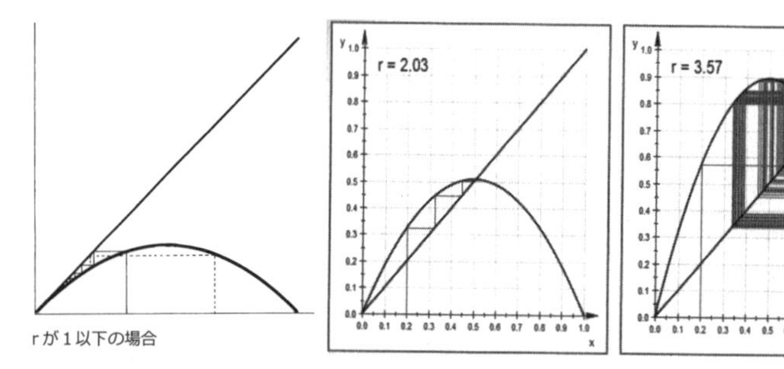

カオスの現れ．斜線 y＝x は反復関数に従う x_n の x_{n+1} への増加を伝えるための補助線です． r が，1 以下の場合は充分な新生児を持たないため左端の図のように x_n が増加するにしたがって x_{n+1} は逆に階段状に減少して 0 となり，3 と 3.45 のあいだでは中央の図のように階段状に増加して x_{n+1} は放物線の頂点の値に近づきます．ところが 3.57 の場合，x_{n+1} は放物線の頂点を超えて，右端の図のように，突如，階段状から渦巻き状に乱れカオス状態になります

?! 175　3.708

灰色の帯は四角形の四つのカドのそれぞれを 1/4 の円弧に置き換えただけのかたちになってますが，その中の太線で書いた‘四角円’は全体が丸まっていて，商品を開発するデザイナーにも注目されています．

帯のようにカドを円弧に置き換えただけの四角なら作るのは非常に簡単ですがデザイナーたちにとっては問題が二つあります．数学的な方程式を立てることが難しいことと曲がり方が滑らかでないことです．とくに，四角の辺と 1/4 円が接続する点では曲がり方が急に変わります．

それに対して帯の中の太線は $x^4+y^4=r^4$ という簡単な方程式で表され，1 辺 2r の正方形を滑らかに丸めたかたちを見せています．r=1 の場合の面積はカドを丸めるだけの場合より少し少ない 3.708 です．そんなこともあってスマートフォンのデザインなどによく使われています．ノキアの多くのスマートフォンのタッチボタンや 2017 年のアンドロイドの操作パネルのアイコンのかたちなども四角円になっています●．

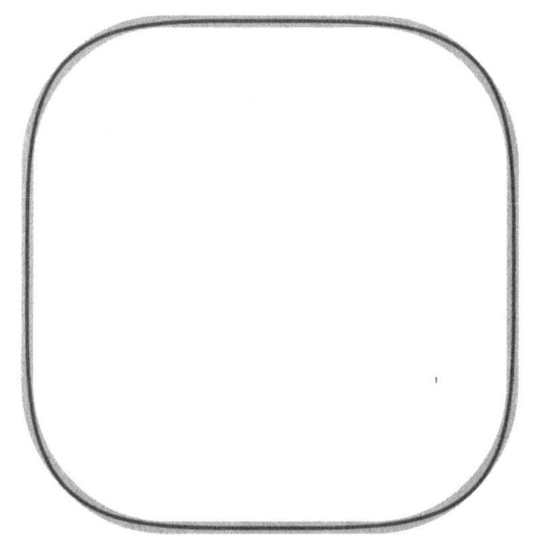

灰色の帯は正方形のカドを 1/4 円に置き換えたかたち，その中の太い曲線は四角円．半径 1 の四角円の面積は 3.708 で，1 辺 2 の正方形の 4 よりは小さく，半径 1 の円の 3.14 よりは大きいです

?! 176　3.7224

ミツバチの巣はなぜ４角形や３角形でなく６角形で埋め尽くされているのか考えたことはありませんか．300 年ごろの書物によると，アレクサンドリアのパップスはこの質問に答えようとして「ミツバチたちは，同じだけの材料を使うとき，４角や３角よりも６角の方が，少しでも多くのミツを蓄えることができるということを知っている」といっています．今では「平面を同じ面積の部分に分割するとき６角形によるミツバチの巣形は周長が最小になるだろう」と考えて，ミツバチの巣仮説といっています．面積が１の６角形の周長は $2(\sqrt[4]{12}) = 3.7224$ で，平面を埋め尽くす同じ面積の多角形の中ではもっとも短いです．

６角形が最善という古代の学者には当たり前だった事実がヘイルズによって証明されたのは 1998 年になってからでした．８角形とか 10 角形といったもっと多くの辺を持つ多角形は，同じ面積の６角形より短い周長を持ちますが，その利点は，平面を隙間なく埋め尽くすことができない，という欠点で帳消しになります．

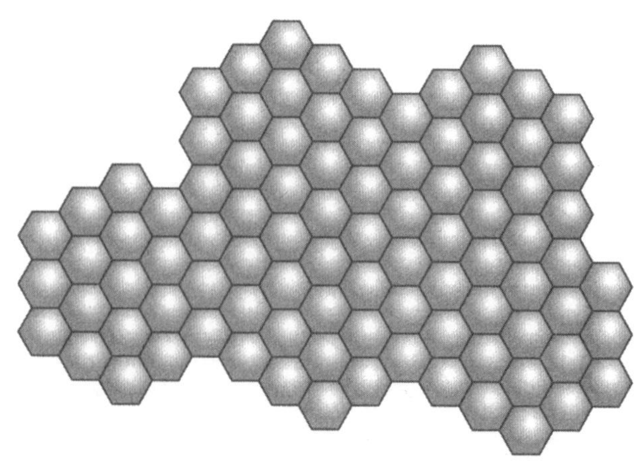

ミツバチの巣仮説．同じ大きさの正６角形を辺で接しさせながら隙間なく並べて平面を埋め尽くしたとき，その全周長は同じ面積の多角形による平面埋め尽くし図形の中でもっとも短くなります

?! 177 4π/3 (4.1887)

古代ギリシャの数学者で科学者のアルキメデスは，生前，自分の墓石に，円柱に内接する球の図を彫刻するように言い残しました．球の体積がそれに外接する円柱の体積の 2/3 になるという，アルキメデスが生涯かけた研究でもっとも自慢する定理の証明を見せているからです．

計算してみると，球の体積 $4\pi r^3/3$ は，球に外接する円柱の体積 $2\pi r^3$ の 2/3 になります．もし半径が 1 なら 4.1887 です．これは外接する 1 稜 2 の立方体の体積 8 の半分より少しだけ大きいです．

現代では，積分法によってこのような結果を簡単に出すことができますが，当時はそんなことが書かれた辞書などありませんでした．残されている文献から判断すると，アルキメデスは，釣合いのとれた比例ならびに物量の中心についての綿密な計算と聡明な頭脳でこの偉大な業績を残したようです．

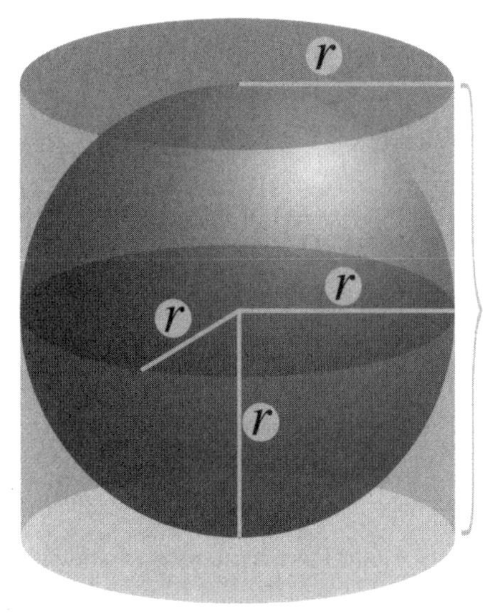

半径 r の球があるとして，それを上下両底円を含むた側面で内接する円柱の体積は底円の面積 πr^2 と高さ 2r の積 $2\pi r^3$ となります．球の体積 $4\pi r^3/3$ はその 2/3 です．同じように計算すると，球の表面積 $4\pi r^2$ も円柱の表面積 $6\pi r^2$ の 2/3 となります

?! 178 $8\pi^2/15$ (5.2638)

ちょっと不思議なことですが，５次元の球面はそれ以外のどんな次元の球面よりも大きな体積を持っているといわれています．では高次元の球面の体積とは何なのでしょうか．

１点（中心）からの距離が r の点の集合は，２次元の場合は円周，３次元の場合は球面です．高次元の場合は，もはや図にはできませんが，座標を使った方程式で，様子を知ることができます．たとえば４次元の場合，各点が座標（x, y, z, w）を持っているとすると，半径１で原点に中心を持つ超球面の方程式は $x^2+y^2+z^2+w^2=1$ となります●．

半径１の超球面の体積を求める公式は偶数次元と奇数次元では異なっています．つまり偶数の 2k 次元の場合は $\pi^k/k!$，奇数の 2k＋1 次元の場合は $2^{k+1}\pi^k/(2k+1)!!$です．ただし，k! というのは１から k までのすべての数の積，k!! というのは１から k までのすべての奇数の積です▲．この公式によると，５次元の場合の体積は $8\pi^2/15$ となり，そのあとは次元が高くなるにしたがって減少して，ついには限りなく０となります．

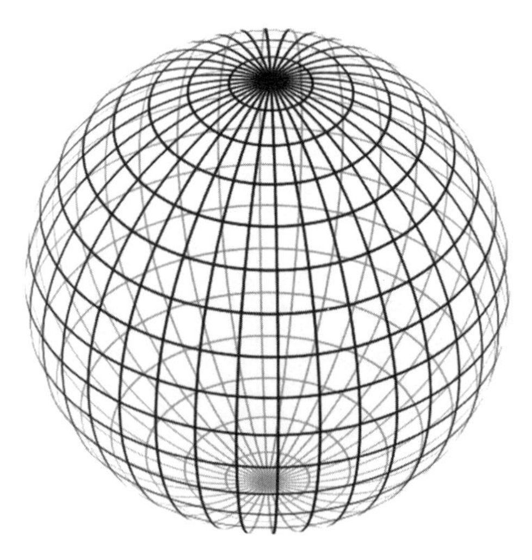

３次元の球面

?! 179　$\pi + e$ (5.8599)

数は有理数と無理数に分けられます．整数を分母と分子にする分数で表すことができる数が有理数，そうでない数が無理数です．有理数は，有限な数の並びか，あるいは小数の場合は 0.272727 のような有限な数（この場合は 27）の繰り返しで表されます．したがって扱いやすいのは有理数ですが，ほとんどの数は扱いにくい無理数です．無理数は小数点以下の数に繰り返し部分がなく，パターンをつかむことはできません．それでもいくつかの無理数は有理数でできる代数方程式で表すことができます．$\sqrt{2}$ がその一つで，$x^2-2=0$ の答になっています．このように代数方程式の答になっている数は代数的数といわれます．無理数の中では代数的数は比較的扱いやすいですが，ほとんどの数は代数的ではありません．そのような数を超越数といいます．といっても有名な定数 π や e 以外の超越数はほとんど知られていません．

あらゆる数の中で，もっともふつうなのはもっともつかまえにくい超越数です．しかも超越数はほとんど知られていません．π と e は超越数ですが，図に示す組合わせもまた超越数かそうでないかは知られていません．さらに，たとえば $\pi+e=$ 約 5.8599 や，$\pi-e$，$\pi\times e$，π/e，あるいは π^e (=22.459157…) などが超越数であるかどうかも分かっていません．ただし e^π (=23.140692…) が超越数であることはわかっています

?! 180　2π (6.2832)

私たちは，円周上の位置を表すとき，ふつう，角度を測る‘度’を使って 180 度とか 360 度といいます．といっても数学者には少し不満足なところがあります．180 とか 360 という数は，もともと円とは無関係の何にでも使う 3 桁の数なのです．円の幾何学専用のもっと便利な表し方はないでしょうか．そのような発想のもとに考え出されたのが‘ラジアン’で，今ではメートル，キログラムなどと並んで国際単位系 SI で角度を表す単位になっています．

半径 r の円において，1 ラジアン進むというのは，その円周上の r の長さの円弧を進むことを意味します． 1 ラジアンとは円の半径が中心で張る角度です．つまり角で円周上の位置を決めるのではなく円周上の位置で角を決めることになります．半径 r の全円周の長さは 2πr だから全円周の角は 2π ラジアンです．もっというと 2π ラジアン＝6.2832 ラジアン＝360° です．したがって 1 ラジアンは 360/(2π)＝57.3° となります．

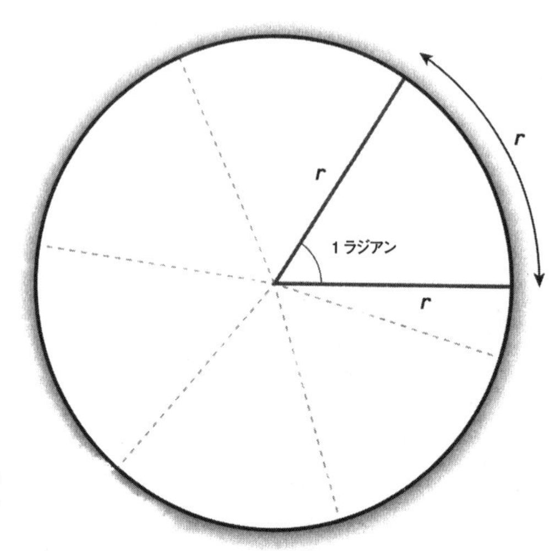

1 ラジアンは，半径 r の円周上で r に等しい長さの円弧を切りとる角です

?! 181 41/6 (6.8333)

13 世紀のこと，ある日，フィボナッチ（別名ピサのレオナルド）は神聖ローマ皇帝フリードリヒⅡ世の宮廷に呼ばれました．皇帝付き学者を相手にして特別の 3 角形を見つける試合をするためです．特別の 3 角形とは，面積が 5 で，しかも辺の長さが分母も分子も自然数の分数になっている 3 角形でした．そのとき 3 辺が 3/2，20/3，41/6 となった 3 角形を見つけたフィボナッチは，では「3 辺の分母も分子も面積も自然数になった直角 3 角形はあるだろうか」と考えました．この問題はそれより 200 年も前のアラビアの手稿本にも出ています．

それから 400 年ものち，フェルマーはそんな 3 角形は面積が 1，2，3，4 のときにはない，ということを証明しました．今では，そうした 3 角形を作る数を '適合数' といっています．

1983 年，数学者のジェロルド・タンネルは，与えられた数が適合数かそうでないかを調べる簡単な方法を見つけました．証明は BSD 予想 ?! 94 に頼っています．この予想はクレイ数学研究所が出している七つのミレニアム懸賞問題の一つで，最初の正しい証明に対して 100 万ドルの賞金が用意されています．

フィボナッチの単純な 3 角形問題の解決は今なお注目されています●.

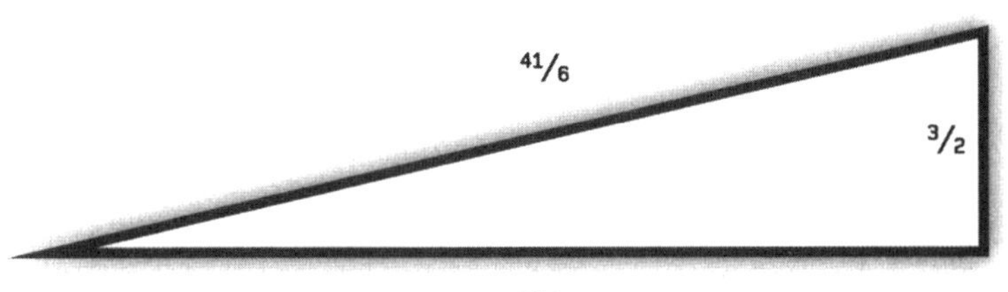

この図は面積が 5 の直角有理数 3 角形です．では面積が 6 あるいは 7 の直角有理数 3 角形の 3 辺を求めてください▲

?! 182 3π (9.4248)

野原でキャッチャーに向かって投げたボールは，どんなに速くても空中で放物線を描きます．直線にはなりません．では，ボールを滑り台の上を転がして，できるだけ早くキャッチャーに届ける場合は，滑り台をどんな曲面にしておけばいいでしょうか．この問題について，1638年，ガリレオは，滑り台が円弧状にたわんでいるとき一番早いだろうという答を出しました．ですがそれは間違っていました．それで，1696年，ヨハン・ベルヌーイが，それについての正しい答を2年以内に出す試合を提案したところ，5人の数学者が挑戦しました．その中の一人が，最終日のたった1日前に試合を知って参加し，徹夜して解いたニュートンでした．答はサイクロイドでした．

サイクロイドというのは，直線状のレールの上を転がる車輪の外周上の1点が描く軌跡のことで，ガリレオが名前を付けました●．ガリレオ自身は上のような問題の答を解く数学上の道具とは考えませんでしたが，サイクロイドとレールとの間の面積を計算しています．つまり車輪の半径を1とすると $3\pi = 9.4248$ となります．

このサイクロイドは，建築物のデザインや時計の振り子の動き方，あるいはスキー場のジャンプ台の曲り具合などにも見られます▲．

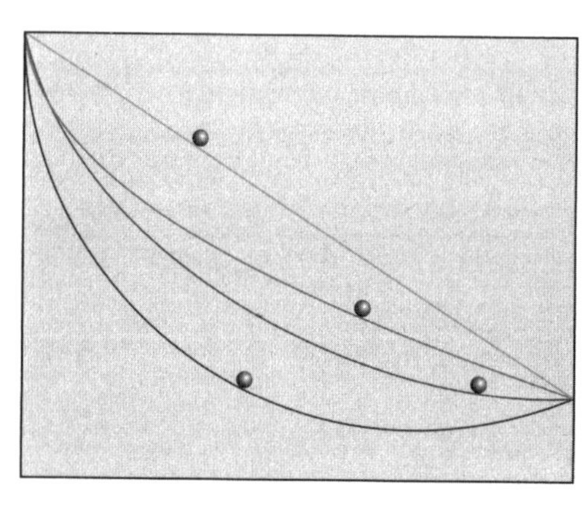

図に，左上から右下へ低くなるいろいろな斜面の切り口を示します．上から，直線，放物線，サイクロイド，円弧となっています．この場合，左上からボールを転がすと，サイクロイド，放物線，円弧，直線の順に遅くなります．長さが一番短い直線が一番遅いのです

?! 183 π^2 (9.8696)

私たちは，1キログラム当たり g＝9.80665 ニュートンの重力で地球に引き付けられています．1ニュートンというのは1キログラムの物質に毎秒1メートルずつ早くなる加速度を生じさせる力です．この約 9.81 という数字は π^2 つまり $\pi\times\pi=9.8696$ に非常に近いです．実際にも π とメートルは歴史上次のような深い関係にあります．

人類は長い間，長さについての基準を持っていませんでしたが，大航海が盛んになった 17 世紀に，できるだけ安定した物理現象に基づく単一の基準を作る要求が，とくにフランスを中心として高まりました．そのときイギリスのクリストファー・レンは，1メートルを一方の静止点から他方の静止点まで1秒間で動く振り子の長さにすべきである，と考えました．その場合，$\pi^2=9.8696$ として1メートル $=g/\pi^2$ と決めることになります．ただし，地球上では場所によって g が変わるという問題があります．たとえばマレーシアの首都クアラルンプールでは g＝9.776 です．

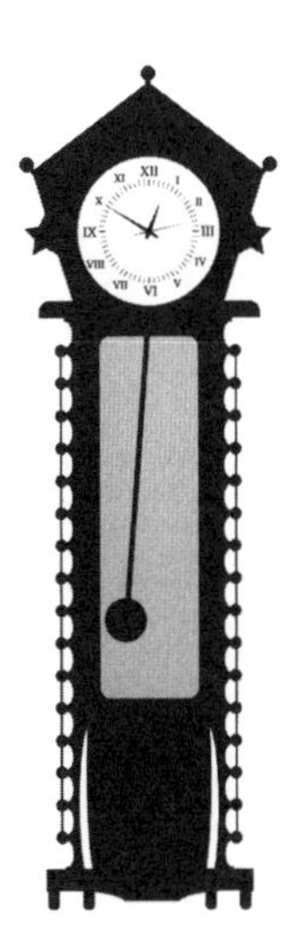

その後，1メートルは北極からパリを通って赤道まで伸びる子午線の長さの1千万分の1と決められました．その場合 $g/\pi^2=0.994$ です．
時計の振り子を見ると，左右の静止点の間を，その開き方の大きさや重りの重さにかかわらず，ただ長さの違いに応じた時間で行き来します．現在のメートルの定義では，その長さが1メートルでなく 0.994 メートルのとき，左端から右端へ1秒間で動きます

?! 184 10.47

世界地図を見ると，アラスカやグリーンランドあるいは南極大陸がびっくりするほど大きいです．でもだまされないように．それはメルカトール図法で描かれているからで，実際よりずっと大きくなっています．地球は丸いのに地図は平たいので，正確な大きさで描くことは数学上は無理なのです．いくつかの別の地図では，距離を正確に表そうとしたり面積やかたちを正しく見せようとしたりしていますが，どんなに工夫してもどこか歪みます●．

その中で，1569 年にメルカトールによって工夫されたメルカトール図法は，今でも航海するときふつうに使われています．これは円柱投影に基づくもので，地球上のかたちを赤道に接する円柱の内面に少し調整しながら投影してそれを広げたものになっています．この方法によると，角度は変わりませんが，赤道から離れれば離れるほど距離と面積は大きくなります．たとえば平均して北緯 72° の緯線上のグリーンランドでは面積は実際の面積よりも $(1/\cos 72°)^2 = 10.47$ 倍も大きくなります．その結果，グリーンランドの大きさは，実際はアフリカの中のアルジェリアと同じぐらいの面積しかないのにアフリカ大陸と同じぐらいの面積を持つように見えます．

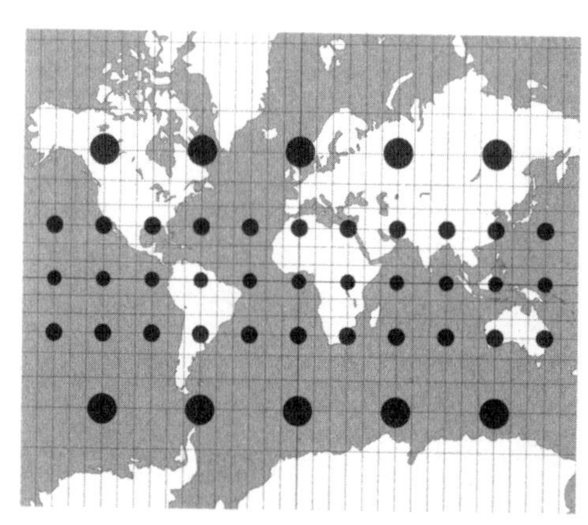

メルカトール図法による世界地図．この地図では，北極や南極の近くの国の面積は実際よりずっと大きく見えます．その違いを図の黒丸で示します．この黒丸の面積は，球面の地球上ではすべて同じ大きさになっています

?! 185　4π (12.566)

4π = 約 12.566 という数は少なくとも 2 種類の異なる幾何学の分野で現れます.

一つは，半径が 1 の球面の表面積となっています．つまり半径 r の球面の表面積は $4\pi r^2$ です．これは半径 r の球の赤道に接して，高さがその球の直径 2r と同じ円柱の表面積，つまり底円の円周 2πr と高さ 2r を掛け合わせた $4\pi r^2$，と同じです．最初にこのことに気づいたのはアルキメデスです.

4π が現れるもう一つの分野は結び目理論で，多角形に置き換えられた結び目が見せる曲がり角の合計の最小値となっています．数学上の結び目というのは，3 次元空間内に絡み合いながら張り巡らされた曲線のことで，その曲線の最初と最後はどんなに離れていても大きな輪を描いてつながると考えます．この輪の中には，非常に複雑にもつれているように見えても，それをひもで作ってうまく引っ張りながら広げると，最後には結び目のない輪ゴムのような一つの輪になるものがあります．そのような輪は結ばれていないといいます．結び目理論におけるファリー-ミルノアの定理によると，多角形に置き換えた結び目の曲がり角の合計が 4π 未満の場合，その輪は結ばれてはいません.

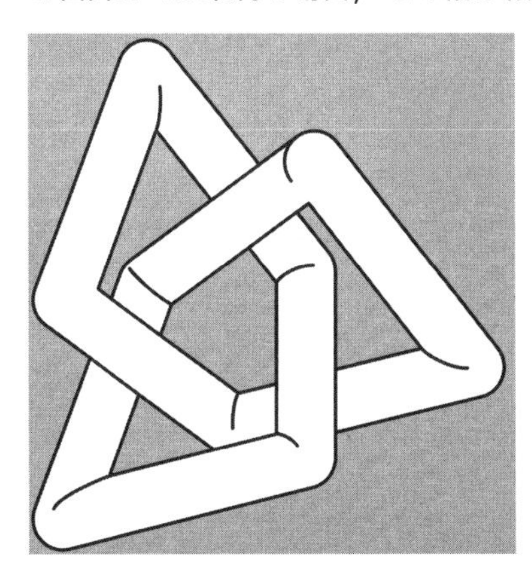

三葉結び目を見せる空間多角形．九か所の直角で交わる 9 本の辺でできています．この場合の曲がり角の合計は $9\times(\pi/2)=4.5\pi$ です．したがって結び目となっています

?! 186

14.1347

素数の分布について，それが虚数に支配されているに違いない，という有名な予想があります．それをリーマン予想といいます．その予想の土台になっているのは‘リーマンのゼータ関数’です．これは，一つの数 s について，すべての自然数の s 乗の逆数の和，つまり $1/1^s+1/2^s+1/3^s+1/4^s+1/5^s+\cdots$，を求める方程式のことです．この式の答は，s が 1 のときは∞になってしまいますが，1 より大きい実数のときは，たとえば 2 のときは $\pi^2/6$ になる?! 162，というように有限の数となることで知られています．

ところが s を複素数?! 194にすると，びっくりするような答が出て来ます．複素数がのっている複素平面上のいくつかの数は図のように答を 0 にするのです．水平な実数軸上の負の偶数はすべてその例で，専門家には当たり前なので当たり前の‘トリビアルな’ 0 点と呼ばれています．ところがリーマン予想によると，それ以外の自明でない 0 点はすべて実数部分が 0 と 1 のあいだにあるようなのです．しかもわかっている限り，すべて実数部分が 1/2 になった複素数を載せる垂直な直線上にあって，それこそが素数の分布を決める鍵になっている，と思われています．今までに 10 兆個の 0 が調べられましたが例外はありませんでした．

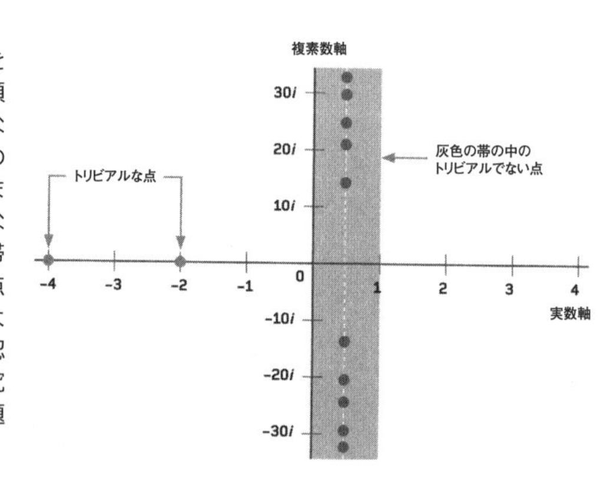

リーマンのゼータ関数を 0 にする黒点には 2 種類あります．一つは自明な点で，水平な実数軸上の負の偶数点になっています．もう一つは自明でない点で，垂直な灰色の帯の中の実数軸の 1/2 の点を通る垂直線上にあるようです．そのことを確認することは，クレイ研究所のミレニアム懸賞問題の一つになっています

?! 187　22.92

弦楽器は 1/2，1/3，1/4，…といった基本的な波長で弦が振動するとき特別に調和した音を奏でます．これはすべての自然数の逆数の和 1/1＋1/2＋1/3＋1/4＋… を調和級数の和と呼ぶことを思わせます●．

調和級数の各項は次第に小さくなるのに，加えた合計は無限になります．それに対して，それ以外の級数の中には，たとえば無限等比級数の和 1/2＋1/4＋1/8＋…＝1 のように，加えていく各項が次第に小さくなりながら合計は有限になるものもたくさんあります．その中で調和級数の和の合計だけは無限になるのです．たとえば，分母から 9 を含むすべての数を取り除くと，和は有限になって約 22.92 となることがわかっています．じつは，9 に限らずどんな数字列を含む数をすべて取り除いても和は有限になります．

この調和級数は思いがけない結果を見せます．たとえば，いくらでも伸びる長さ 1 m のゴムひもの上を毎分 1 cm の速さで歩くアリのような虫を考えてみてください．ただしひもは毎分 1 m 伸びるとします．その場合アリはひもの最後までたどり着けるでしょうか．ちょっと考えるとそんなことは不可能のように思えますが，いつかはたどり着くことができるのです．ただし宇宙が終わるよりもっと長い時間歩かなければなりませんが▲．

$$\frac{1}{1}+\frac{1}{2}+\frac{1}{3}+\frac{1}{4}+\frac{1}{5}+\frac{1}{6}+\ldots=?$$

調和級数の和

?! 188　109.47

正４面体は五つの正多面体のうち最も単純なかたちをしています．

化学の世界では，この正４面体についての４面体幾何学は非常に大切です．多くの重要な化合物の分子の原子が正４面体の４頂点に配置されているからです．その場合の，２個ずつの頂点が中心で張る角109.47°（109°28'）を４面体角あるいは結合角などともいいます●．

４面体角は水 H_2O の分子を作る水素原子が見せる104.5°に非常に近いです．H_2O では２個の水素原子と２個の電子が４面体を作りますが，電子対は水素原子を押し合いしながら少しでもたがいに離れようとするため正確な４面体角にはなりません．４面体構造に見られるこうしたわずかな非対称性こそ，水が持つ絶えず流れたりどんな隙間にも入り込んだりする特徴を作り出して人類の生命を守っています▲．

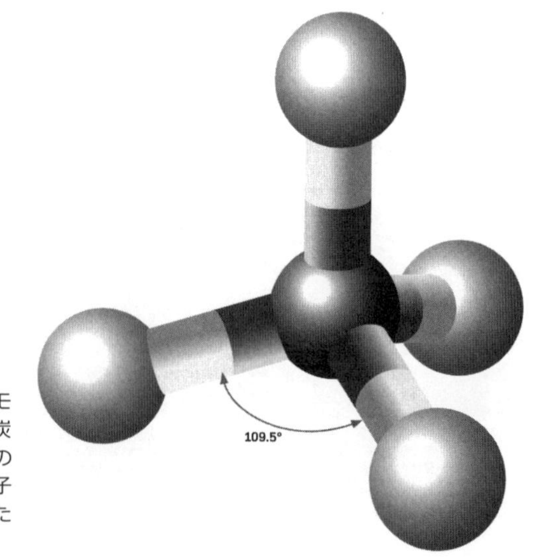

４面体幾何学．
メタン分子 CH_4 やアンモニアイオン NH_4^+ は，炭素あるいは窒素の原子のまわりに４個の水素原子を正４面体状に配置したかたちでできています

?! 189 111.11

'アキレスとカメ' についてのゼノンのパラドックスをご存じでしょうか．古代ギリシャのエレアの哲学者だったゼノンがいい出したことで，猛スピードで走るアキレスでも，ゆっくり走るカメを追い越すことは絶対できない，という話です．

たとえば，毎分，アキレスは 100 m 走り，カメは 10 m 走るとして，その大きな差をなくして公平に競争するため，カメはアキレスより 100 m 先の地点から走るとします．そうすると最初の 1 分でアキレスはカメの出発地点を通ります．ところがその時にはカメは 10 m だけ前に進んでいます．それでアキレスはさらにその 10 m 分だけ走ってカメに追いつこうとします．ところがそのあいだにカメは 1 m だけ前に進んでいます．こうしてアキレスはどんなにカメに追いつこうとしてもカメはいつも少しだけ前に進んで追いつくことができません．今の数学でいうと，アキレスがカメに追いつくにはスタート地点から $100+10+1+0.1+0.01+0.001+\cdots$ m だけ離れた点まで走らなければいけません．追いつく点があるのは明らかで，それがどこにあるかはっきりしたのは，数学者が無限級数の計算方法を工夫してからです．それによるとアキレスがカメに追いつくのはスタートしてから $111.11\cdots=1000/9$ m の地点です．

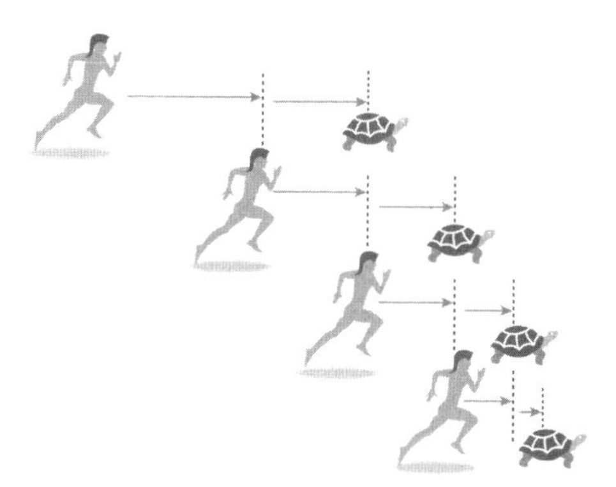

アキレスがカメのいる場所にどんなにたどり着こうとしてもカメはいつも少しだけ前に進んでいます．アキレスはいつまでもカメに追いつくことはできないのでしょうか

?! 190 137.5

全円周の角 360° を黄金比約 1.618 で割ると，222.5° と 137.5° が得られます．そのうち小さい方の 137.5° を‘黄金角’といいます．

黄金角は，茎のまわりに下から上に付いていく木の葉の葉序，つまりできるだけ太陽の光を受けるための葉の並び方，に関係する大切な角です．もしある木があって，葉が 1 枚下の葉に対して 90° 回転した位置に付くとすると，真上からの太陽の光は 4 枚目まではうまく当たりますが，5 枚目には当たりません．それに対して，黄金角で回転する位置に付くと，図に見られるように，ちゃんと 5 枚目あるいはそれ以上にも光が当たります．

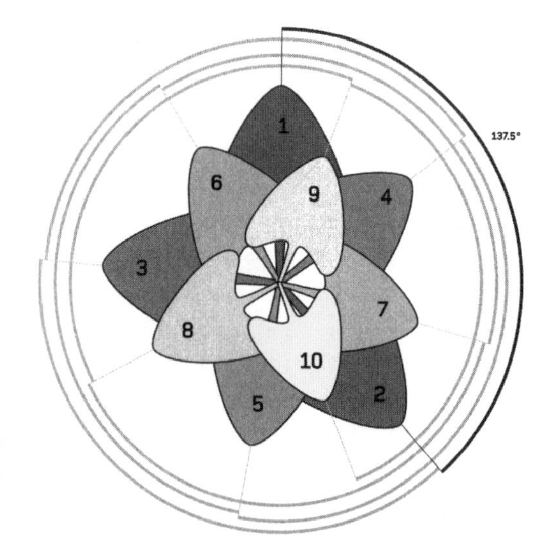

黄金角．
黄金角を見せながら並ぶ葉の先端は，黄金比に関係するフィボナッチ数列 1，1，2，3，5，…に従ったらせんを見せます．これこそヒマワリの花びらや種の配列が黄金比に従ったらせんを見せる理由です●

?! 191　−1/12

「数学的に厳密で正しい方法を使うと，すべての自然数の和の合計は −1/12 となります，つまり 1+2+3+4+5+…＝−1/12 です」といってもこれはとんでもないおかしな計算です．だいたい，正の整数の和が負の分数になるはずありませんから．

この計算について，自己矛盾する和を使った間違った証明がウェブサイトでたくさん出されています．つまり同じ種類の同じような操作が違った結果を生んでいるようなのです．その中で上記の計算を証明するための正しい方法は，‘リーマンのゼータ関数の解析接続’ というむずかしい道具を使うことにあります．首尾一貫した証明をするために，複素数を使った計算というむずかしいことをするのです●．

とんでもないふしぎさが漂っていますが，得られた結果は，超弦理論の物理学者にも使われました．その結果，私たちは 26 次元の宇宙に住んでいるかも知れない，ということになっています．

The Indian mathematician Srinivasa Ramanujan was a true mathematical genius with a remarkable intuition for numbers. An extract from a 1919 notebook shows that the sum of 1 + 2 + 3 + 4 + … is equal to -1/12. But his manipulations do not hold up to the rigorous scrutiny of modern mathematicians. In particular, we cannot add multiples of infinite sums together in this way without potential contradictions.
Another way of finding the constant is as follows —
Let us take the series 1+2+3+4+5+&c. Let C be its constant. Then c = 1+2+3+4+&c
∴ 4c = 4 + 8 + &c
∴ −3c = 1−2+3−4+&c
∴ c = −1/12

数に関して，すばらしい直観力を持っていたインドの数学者ラマヌジャンは，1919 年の雑記帳の一部に 1+2+3+4+5+…＝−1/12 と書いています．ただしラマヌジャンが使った計算方法は，現代の数学者による厳しい審査を得てはいません

?! 192 −1

私たちは毎日負の数を使っています．たとえば温度計の摂氏が負というのは氷点下のことです．また財布の中の負の金額というのは誰かに返さなければならない借金ということです．エレベーターの階数ボタンで負になるのは地下階のことです．といっても数学史上の負の数は比較的新しく，西洋数学では 18 世紀ごろにようやく使われるようになりました．

負の数，つまり 0 よりもっと小さい数，は 0 を挟んで正の数の反対側にあります．その正の自然数と 0 と負の自然数を合わせたものが整数です．同じ大きさの数でいえば，正の数とその反対側にある負の数の和は 0 です．負の数は，ある数から引き去る数でもあります．つまり 1 から 1 を引き去れば $1-1=0$ となります． 0 の発見で知られる 7 世紀のインドの数学者ブラーマグプタ ?! 1 は負の数を使った代数計算の規則を初めて決めた人としても知られています．それによると，たとえば，二つの負の数を加えると負の数になり二つの負の数を掛けると正の数になります．

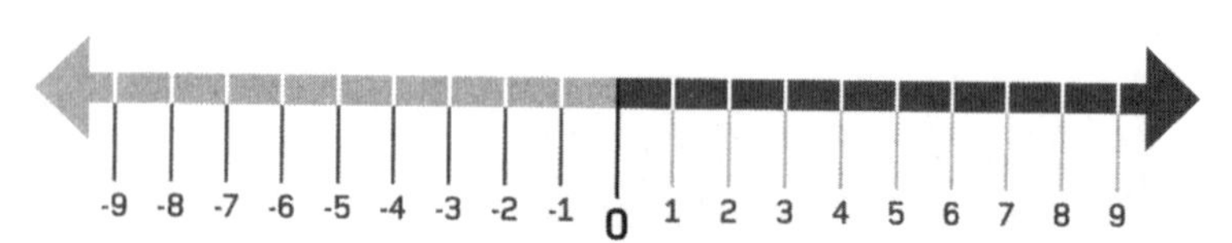

数直線．伝統的な数直線では，正の数は 0 の右側に目盛られてどこまでも大きくなり，負の数は 0 の左側に目盛られてどこまでも小さくなります．たとえば 5 は 2 より大きく，−5 は −2 より小さいです．和というのは，右の方向へ数えることを意味し，差というのは左の方向に数えることを意味します．たとえば $3-5$ というのは右の方へ 3 行ったあと左の方に 5 だけ戻って −2 となります． $3-5+7$ なら，その −2 から右のほうに 7 だけ戻って 5 となります

?! 193 　-5

数学者は素数を素数以外のすべての自然数の構成部品と考えています．1と素数以外のすべての自然数はただ一通りだけの素数の積になっているからです．たとえば12は合成数も使えば1×12，2×6，3×4と書けますが，素数だけで表すと$2 \times 2 \times 3$だけになります．

このように，どんな自然数もひと通りの素数の積で表すことができるということは，数学者にとってはさいわいなことでした．自然数を中心とする整数を基礎とするいろいろな数のシステムを幅広く調べる数学者には，この性質は非常に助かるのです．ところが，すべての整数に特別な数としての虚数たとえば$\sqrt{-5}$を加えた数のシステムを考え，その数の間で和や差や積を計算してみると，6は何と2種類の素数の積で表されるのです．2×3と$(1+\sqrt{-5}) \times (1-\sqrt{-5})$です．$(1+\sqrt{-5})$も$(1-\sqrt{-5})$もそれ以上に小さい数の積では表されませんから素数といえます．こうした数の新しいシステムの発見のおかげで，素数とは何か，といった問題をはじめ，数に関する深い研究が促されたのでした．

1882年，ドイツで生まれた女性数学者のエミー・ネーターは，いろいろな数のシステムの研究や素数による因数分解の考え方について，大きな足跡を残しました．とはいえ女性だったため，学生時代には正規の授業が受けられず，大学の講師になっても無給でした．晩年にはナチスの台頭で大学から追放されています．こうした女性差別の世界でのネーターの活躍ぶりには特筆すべきものがあります

?! 194　i ($\sqrt{-1}$)

２個を掛け合わすとかならず０か正になる数を実数といい，正と負があります．それに対して，掛け合わすと負になる数も考えられていて，それを虚数といいます．実数の数直線上のどこにもない数です．そのうち掛け合わすと -1 になる数，つまり -1 の平方根，となった $\sqrt{-1}$ を i で表します．

図では，水平な実数の数直線つまり実数軸に直交する軸上に虚数が目盛られています．この軸を虚数軸といいます．あらゆる負の数の平方根は，たとえば $\sqrt{-4}=2\sqrt{-1}=2i$ というように i の積で表されて，すべてこの虚数軸上に目盛られます●．

$2+3i$ のように実数と虚数を組合わせた複素数も考えられていて，実数軸と虚数軸を座標軸とする複素平面上で表されます．つまり複素数は２次元の広がりを持つ数となり，物理学や工学の世界で大いに役立てられています．たとえば量子物理学では，複素数を，粒子の位置と運動量の両方を表す数として使います．また信号処理では信号波の位相や強度を表します．

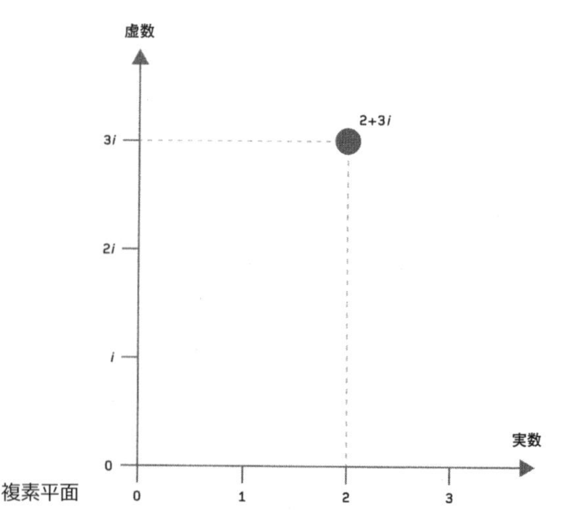

複素平面

?! 195 $-1/2+(\sqrt{3})i/2$

「2乗して1になる数を当ててください」そういわれて，もし‘1’だけでなく‘−1’も上げた人は，その答を大いに自慢してください．確かに，すべての正の数は正負の2種類の数の2乗になっています．

次はもう少しむずかしい問題です．「3乗して1になる数，つまり$x^3=1$となるxを求めてください」という問題です．もちろん1は一つの答です．1×1×1＝1だからです．ですが今度は −1 は答にはなりません．−1の3乗は −1 になるからです．

ところが，2乗根がいつも2種類あるのと同じように，3乗根はいつも3種類あります．ただし3乗根の場合，2個は，i つまり$\sqrt{-1}$を含んで複素平面に隠れています．それでいろいろ捜してみると，$-(1/2)+(\sqrt{3})i/2$ と $-(1/2)-(\sqrt{3})i/2$ の2個も1の3乗根になっていることがわかります．これに1を合わせた3個が1の3乗根となります．

この3個を複素平面上にプロットすると，一つの円周上に等間隔に並んで正3角形を作ります．これは3だけに限ったことではありません．一つの数のn個のn乗根は，いつも複素平面上の円をn等分して正n角形を見せるのです．

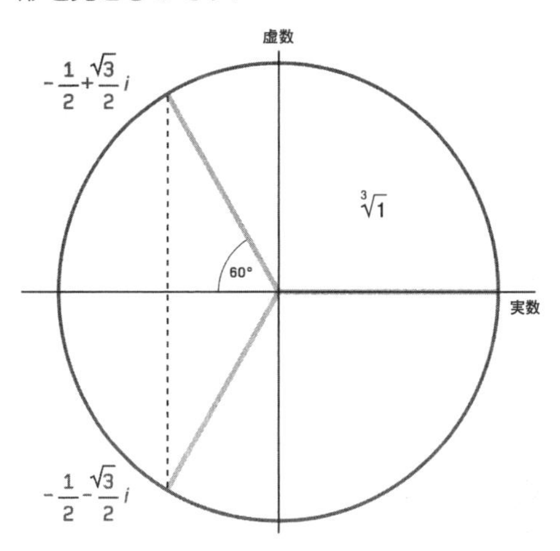

$x^3=1$の答である1の3個の3乗根は複素平面上の円周上の左上，左下の点，ならびに右の実数軸との交点になっていて円を3等分し正3角形を作ります．それぞれの正確な位置は三角法を使えばわかります．もっとわかりやすい例は，$x^4=1$の四つの答である$x=\pm1$と$x=\pm i$は円と座標軸の四つの交点としての正方形を作ります

?! 196 i, j, k（4元数）

複素数は数についての代数学と平面上の幾何学の重要な結びつきを見せます．そのうち幾何学はコンピュータに合いにくく逆に代数学はコンピュータにぴったりです．したがって平面上のかたちの回転や鏡映，拡大や切断といった幾何学的な操作をコンピュータで行うときは，数の言葉に置き換えます．そのとき複素数は非常に役立ちます．

それに先立って 19 世紀のアイルランド出身の数学者ウィリアム・ローワン・ハミルトンは２次元平面よりむしろ３次元の幾何学に適用できる新しい数のシステムを考えました．つまり１のほかに i，j，k という新しい基数を加えた４元数を考えたのです．i，j，k のそれぞれは，i のように２乗すると −1 となります．ところがそれらをたがいに掛け合わせると奇妙なことが起ります．$i \times j = k$ なのに $j \times i = -k$ なのです．また $i \times j \times k = -1$ となります●．

４元数を使う数学は，今でもコンピュータ・グラフィクス，宇宙船の操縦，ロボット工学といった，３次元空間における回転の計算が必要な分野などで重要な位置を占めています．

ハミルトンが４元数に気づいたのはアイルランドのダブリンにあるブルーム橋を渡っているときでした．喜んだハミルトンは４元数の積の公式を橋に彫り込みました．その文字は今では風化して消えてしまいましたが，それに代えて，発見を記念する石板が橋に取り付けられています

?! 197　∞（無限）

数学上，無限つまり∞の数は，自然数の延長上にある大きい数や，自然数のあいだに無限に詰め込まれている小さい数の行き着く果てを意味します．したがって明確な数を割り当てることはできず，ふつうの数のような足し算や引き算，掛け算や割り算はできません．

無限についてもっとも早い段階でいろいろ考えたのは古代ギリシャ人でした．ゼノンは，無限の時間を使っても，アキレスは一歩前を行くカメに追いつくことはできない，と主張しました?! 189．アリストテレスは，数の無限には2種類あるといっています．一つは，1，2，3，…とどこまでも大きくなる数を超える目に見えない仮想的な数，もう一つは，たとえば数直線上の0と1の間にある無限の点のような目に見える現実的な数です．

こうした無限の数はいくつかの予想を超える性質を持っています．20世紀の数学者ゲオルグ・カントールは，ある無限は他の無限より大きい，しかも無限の大きさにはいろいろあって，最大の無限というものはない，ということを示しました．

無限は∞の記号で表されます．この記号はレムニスケートという曲線になっていて，1655年にイギリスの数学者ジョン・ウォリスによって初めて使われました

?! 198 $\aleph_0$（アレフ０）

カントールは無限の大きさにはいろいろあることを証明しました．そのうちもっとも小さい無限の集まりを $\aleph_0$（アレフ０）といいます．これは１，２，３，４，…といった自然数のように一つひとつ数えることができる数の集まりです．

$\aleph_0$ の仲間は無限に数えることができますが，それらにはちょっと変わった性質があります．たとえば，自然数に含まれる偶数だけの集まりを考えると，その集まりは全体の集まりより小さいと考えられます．自然数には奇数と偶数がちょうど半分ずつあるからです．ところが全体の集まりと偶数の集まりは同じ $\aleph_0$ の大きさなのです．このことは自然数の一つの数 n とそれを２倍した偶数の 2n をペアにしてみればわかります．たとえば１と１×２の２，同じく２と２×２の４，３と３×２の６などをペアにするのです．そうすると一方の一つの数 n には必ず他方の一つだけの数 2n が対応して残る数はありません．つまりまったく同じ個数の数があることになります．

$\aleph_0$ の大きさの集まりは，自然数のほか，たくさんあります．素数，正や負の整数，整数の分数で表される有理数，奇数や偶数などです．

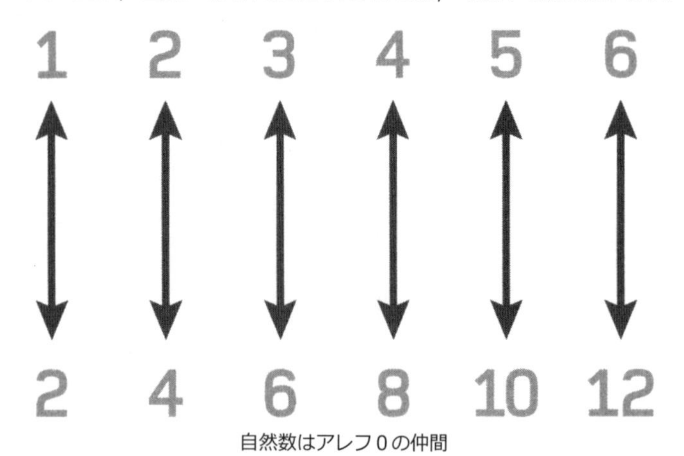

自然数はアレフ０の仲間

?! 199　$\aleph_1$（アレフ１）

$\aleph_0$ より大きい最初の無限の数の集まりは $\aleph_1$（アレフ１）です．

無限の大きさにはいろいろあることを証明したカントールによると，無理数や超越数を合わせた無限の数の集まりは自然数や有理数を合わせた無限の数の集まりより大きいのです．それは有理数と無理数の二つの集まりが同じ大きさだとすると矛盾が起こることからわかります．

たとえば 10 進法でいうと，実数の集まりは $10^{\aleph_0}$ の大きさを持ちます．10 進法の自然数の一つひとつが，たとえば１の場合は 1，1.1，1.2，1.3，…というように $\aleph_0$ の大きさの集まりを持つからです．つまり $10^{\aleph_0}$ は $\aleph_0$ より大きいということになります．では $10^{\aleph_0}$ は $\aleph_1$ に等しいのでしょうか．おそらく等しいだろうというカントールの仮説を現代では‘連続体仮説’といいます．このカントールの仮説について，クルト・ゲーデルとポール・コーヘンは，現代の数学では証明も反証もできない，つまり公理であるということを証明して数学界を驚かせました．そこには今の数学界から離れた新しい世界が広がっています．

ゲオルグ・カントール

?! 200　ω（オメガ）

私たちは，数を，物の個数を表す計量数として使ったり，物の順序を表す順序数として使ったりします．計量数として使うときは，ある集まりの中の物の数量を決めます．それに対して順序数として使うときは，ある集まりの中の物の順番を決めます．

有限の集合では，計量数と順序数は，1，2，3 といった有限の数を対応させることができるので同じです．ところが無限の集合の場合，この二つは違ってきます．計量数はいくら無限を追加しても無限で変わりませんが，順序数は無限の追加の仕方で変わってきます．たとえば最小の無限の順序数は最後のギリシャ文字‘ω’を使って‘オメガ’といいます．ωは自然数と同じように順序付けられますが，新しい順序を加えていく場合は注意しなければなりません．たとえば，$1+\omega$ はωが一つずつずれるだけでωと同じになりますが，$\omega+1$ はωと違って新しい順序数が加わることを意味します．同じように，$\omega+2$，$\omega+3$，…などはすべて異なります．その操作を続けていくと $\omega+\omega$，さらに ω^2 が現れ，ついには ω^ω が現れることになります．こうして，想像もつかない数の世界が果てしなく広がっていきます！

最小の無限の順序数

訳　　注

?! 1

● 0は今でも数から仲間外れにされることがよくあります．たとえば，0世紀はありません．日本のエレベーターの階数ボタンでも，1階から上へは1，2，3，となりますが，下へはB1，B2，となって0はありません．仲間はずれにされるといっても，円周上に好きな四つの数を並べて書いて次のような計算をするとすべての整数を0に関係させることができます．たとえば1，2，3，4，を丸く並べて書いて隣同士の差を計算すると1，1，1，3となります．その4数でまた同じことをすると0，0，2，2となり，それを繰り返すと，0，2，0，2からさらに2，2，2，2となって，ついには0，0，0，0になります．

▲ 0の数学的な意味を最初に説明しているのはインドの数学者ブラーマグプタの『宇宙の始まり』（628年）のようです．

■『宇宙の始まり』によると，今と同じく$x+0=x$，$x-0=x$，$0\times x=0$，$0\div x=0$となっています．さらに今では$0^x=0$，$x^0=1$とされ，0×0，$0\div 0$，$x\div 0$などは不定とされています．

?! 2

●だれでも1番になるとハッピーですが，数の世界でも，1に関係する次のような数をハッピー数といいます．つまり，一つの数の各桁を2乗して足し合わせ，得られた数の各桁をまた2乗して足し合わせる，という計算をどこまでも続けた結果，1となる数のことです．たとえば28は，$2^2+8^2=68$，$6^2+8^2=100$，$1^2+0^2+0^2=1$だからハッピー数です．ラッキーセブンの7は$7^2=49$，$4^2+9^2=97$，$9^2+7^2=130$，$1^2+3^2+0^2=10$，$1^2+0^2=1$ですからハッピーです．ところが2は，$2^2=4$から出発したあとついには$2^2+0^2=4$となって，堂々巡りが始まりますのでアンハッピーといわれます．

?! 3

● 1から100までの自然数の中の素数は2，3，5，7，11，13，17，19，23，29，31，37，41，43，47，53，59，61，67，71，73，79，83，89，97の合わせて25個です．nを自然数とすると，3以上はすべて$4n\pm 1$，5以上はすべて$6n\pm 1$の奇数になっています．

▲数の世界でもっとも美しい式といわれる自然対数の底e，虚数単位i，円周率πのあいだに成立するオイラーの公式$e^{i\pi}+1=0$?! 131 と，2番目に美しいといわれる凸多面体の頂点（vertex），稜線（edge），側面（face）の個数v，e，fのあいだに成立するオイラーの多面体公式$v-e+f=2$は，0，1，2で始まる数の世界におけるオイラーの力を見せつけますが，この両式に奇跡的にeが顔を出して数学者を喜ばせています．

■左右対称性は数の世界にも$4^2=2^4$はじめいろいろあります．たとえば，$18=9+9$と$81=9\times 9$，$12^2=144$と$21^2=441$，$13^2=169$と$31^2=961$，$33^2=1089$と$99^2=9801$，$1^3+3^3+6^3=244$と$136=2^3+4^3+4^3$，$1/27=0.037037037$と$1/37=0.027027027$など．

?! 4

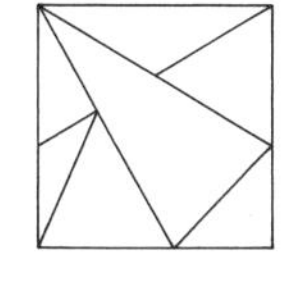

● 3角形には，正3角形のほか，辺の長さの違いや内角の違いによって鋭角2等辺3角形，鈍角2等辺3角形，鋭角不等辺3角形，鈍角不等辺3角形，直角2等辺3角形，直角不等辺3角形の7種類があり，それらを一つずつ組合わせて図のように正方形を作ることができます．

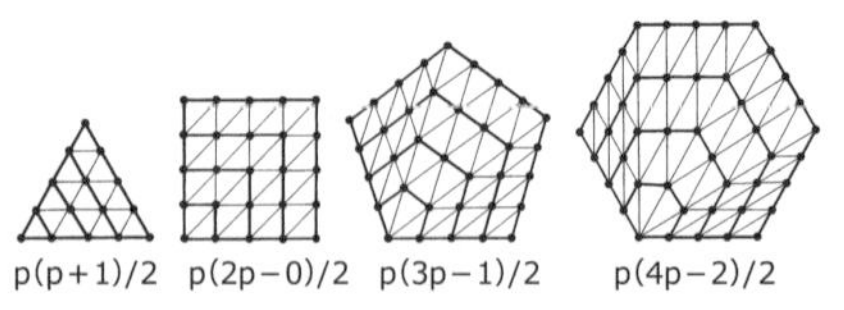

▲正 n 角形状に並ぶ点の個数を n 角数といいます．図に左から 3，4，5，6 角数とそれぞれにおける p 重目までの点の個数を示します．いずれも 3 角数の組合わせになっています．

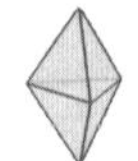
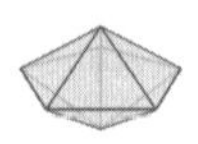
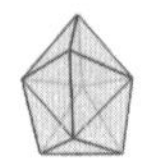
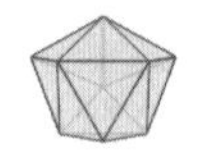
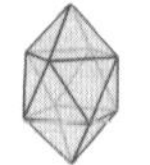

■凸多面体の中で正 3 角形だけでできるものに，正多面体の中の正 4，8，20 面体の 3 種類のほか，図に示す左から 6，10，12，14，16 面体の 5 種類があって，合わせて 8 種類をデルタ多面体といいます（CG：出原理）．

?! 5

● 4 を 4 個使って，自然数をできるだけ多く表す問題もあります．1 からいうと，$1=(4+4)/(4+4)$，$2=(4\times4)/(4+4)$，$3=(4+4+4)/4$ から始まり，平方根 $\sqrt{\ }$ や，階乗 n!を使えば，$4=(\sqrt{4}+\sqrt{4})\times4/4$，$5=(4!/4)-4/4$ などと続きます．そのあと途切れなく $72=44+4!+4$ まで計算できますが，D. ニーダーマンによると，73 は絶対できない最初の数となります．

?! 6

● 3 と 7 や，7 と 11 のように 4 だけ離れている場合は‘いとこ素数’といいます．

?! 7

● $6=1+2+3=1\times2\times3=\sqrt{1^2\times2^2\times3^2}=\sqrt{1^3+2^3+3^3}$ です．1 千万以下の完全数は，28（$=1+2+4+7+14$），496（$=1+2+4+8+16+31+65+124+248$），8128（$=1+2+4+8+16+32+64+127+254+508+1016+2032+4064$）だけです．ダンツィクによると，これを知ったニコマコスは，完全数は 1 桁から 4 桁までの各数に 1 個ずつあり，すべて 6 か 8 で終わっている，とびっくりしたそうです．奇数の完全数はあるか，完全数は無限にあるか，などはわかっていません．

▲左は 4 個の輪でできるだまし絵のブルニアンリンク．輪を 1 個取り去ると右の図のようにだまし絵でなくなって自由に動き始めます．

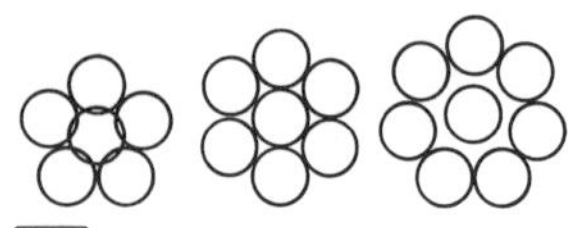

■多角形状の円の配列と，その中央に置かれた 1 個の円の関係．左から，5，6，7 角形状．

?! 8

● 7 にはいろいろ不思議なところがあります．数でいうと，たとえば，$1^7+4^7+4^7+5^7+9^7+9^7+2^7+9^7=14459929$ です．かたちでいうと，正 7 角形の 1 辺を a，2 本の対角線の長さを b，c とすると，$1/a=1/b+1/c$ です．地図に関係していうと，4 色で塗り分けられる地球上の国 ?! 85 に対して，だれも住んだことのないドーナツ面上の国は 7 色で塗り分けられます．

?! 11

●宇宙のすべては数でできていると考えたピタゴラスは，自然界を包み込む大宇宙に 10 という数を与え，最密円配置を見せるテトラクティスを宇宙のシンボルマークにしたといわれています．その場合，上段から，1 は 0 次元の点，2 は 1 次元の線，3 は 2 次元の面，4 は 3 次元の立体を表わしたそうです．

?! 13

- 数学者のラグランジェはn進法に使うn個の数を，約数が多いものでなく逆にできるだけ少ないもの，つまり約数が1と自分自身しかない素数，にすることを考えていたようです．そうすると，たとえば12は，2×6でも3×4でもなく，2×2×3である，と決めることができます．

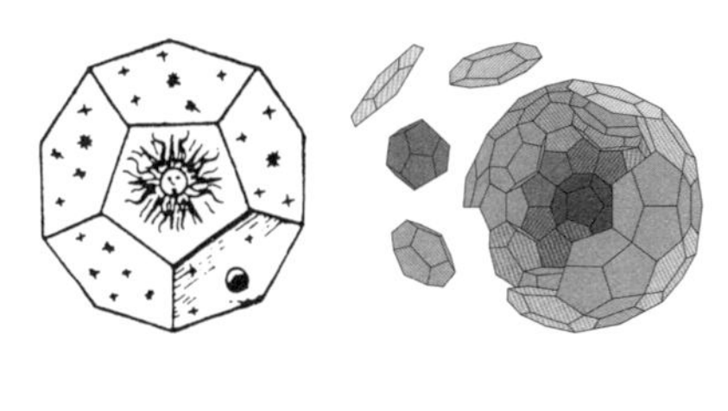

▲紀元前4世紀のプラトンは，『ティマイオス』の中で，のちに近世の天文学者ケプラーが作図した上の左の図のように，正12面体こそ宇宙のすべてを入れる器の原像になっていると考えました．それに対して現代の科学誌ネイチャーは，正12面体が120個集まる4次元正12面体 ?! 77 になった右の図のような宇宙像を報告しています．

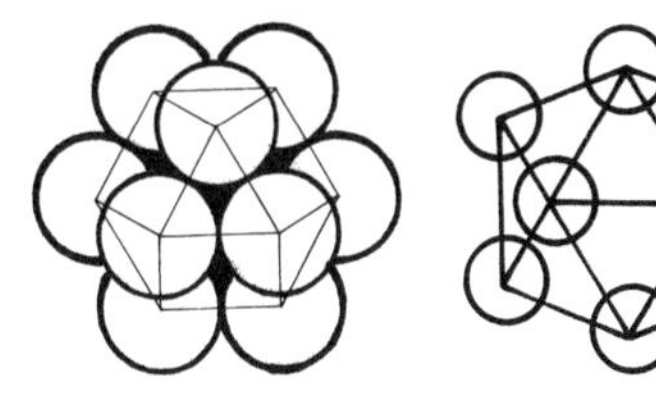

■最密配置された12個の球は，左の図に示すように，アルキメデスの立体の一つである立方8面体の12個の頂点に並びます．ところが右の図のように，球同士の間に隙間を少し作ると正多面体の一つである正20面体の12個の頂点の位置にも並びます．その隙間に13個目の球が入るのではないかと思われたのです．

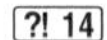

- 13は，昔の日本ではありがたい数だったようで，十三重塔を建てたり，大日如来を中心とする十三仏に祈ったり，13歳の子供が3月13日に十三参りをしたりしてきました．今のアメリカでも，国旗の横縞の数はじめ，左の図のような国章の星や縦縞や木の葉や矢の数はすべて13です．

▲アルキメデスの立体とカタランの立体（CG：出原理）．

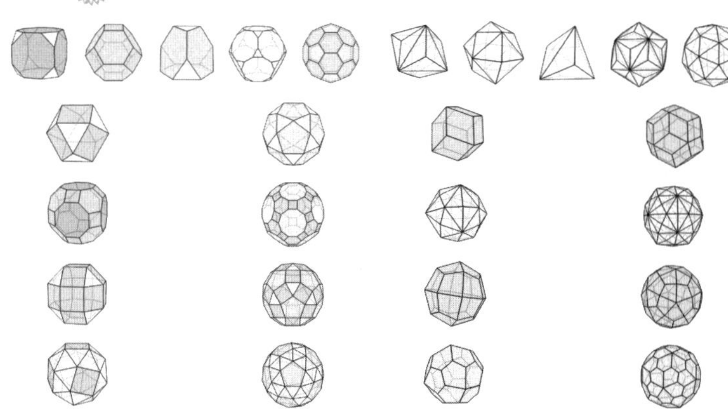

上から２段目が準正多面体（立方８面体と 12・20 面体）とその双対（菱形 12 面体と菱形 30 面体）．十三恐怖症の人にとって気がかりなことには，アルキメデスの立体の 13 種類のうち 12 種類はたがいに双対ないわば夫婦の正多面体つまりプラトンの立体のあいだから生まれるのに，切頂４面体だけは自分自身に双対ないわば独身の正４面体から生まれます．

?! 16

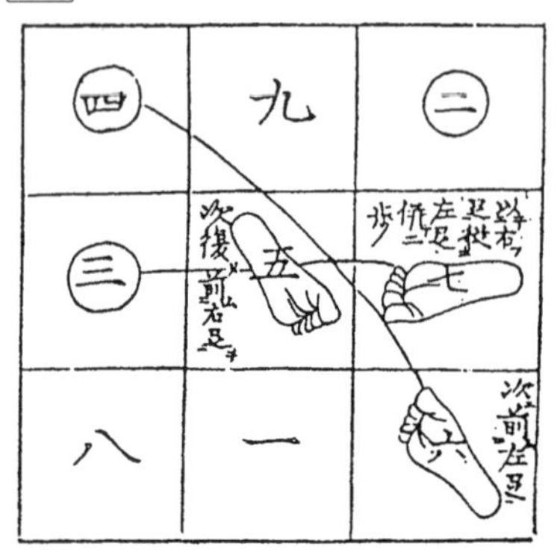

●日本の江戸時代の陰陽師は，三方陣の数字を魔除けの九字の図像化と考えて，いざというときはその数字に従って足を踏みまわしていました．図は江戸時代末期の青木北海が使った三方陣です．

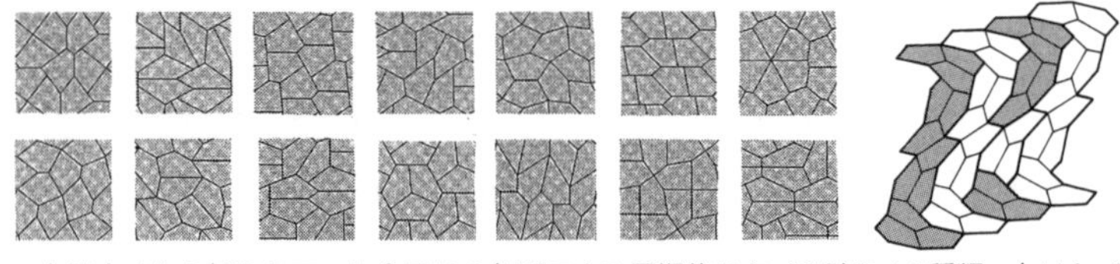

▲左は古くから知られていた合同な５角形による周期的なタイル貼り 14 種類，右はケイシー・マンらにより見つけられた 15 種類目．（CG：石井源久）．

?! 17

● １稜１の n 次元立方体の頂点の座標は１と０の 2^n 通りの順列組合わせとすることができます．つまり１と０で動く場合のコンピュータは，いつも n 次元の立方体あるいはその部分の図を描いていることになります．

?! 18

p3

p6

p31m

p3m1

p6mm

●壁紙模様のうち，本文の図になっているような３回回転対称性を持つものについては図のような記号が与えられています．左端は，平行移動（parallel つまり p）と３回回転対称性（3）があるので p3，次は p と６回回転対称性（6）があるので p6 とします．本文の図と一致する３番目は，p3 に加えて平行移動方向を鏡映線（mirror つまりm）とする 1m で表される鏡映があるため p31m，それに似た４番目は，p3 に加えて平行移動方向に直交する方向を鏡映線とする m1 で表される鏡映があるため p3m1 とします．右端は p6 に加えて平行移動方向ならびにそれに直交する方向を鏡映線とする mm で表される鏡映があるため p6mm とします．

?! 19

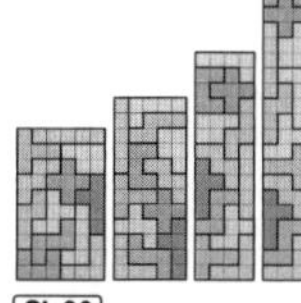

●左から，6×10，5×12，4×15，3×20 の長方形を作る例．鏡像になっているペントミノは使いません．

?! 20

●19^{19}＝1,978,419,655,660,313,589,123,979（25 桁）．1 から 19 までの 19 桁の自然数を逆向きに数珠つなぎにした 19181716151413121110987654321 が 19 で割り切れることも知られています．

?! 22

● 1 を除くと，8 はフィボナッチ数の中でただ一つ立方数，144 はただ一つの平方数です．また 1，3，21，553 の 4 個は 3 角数です．D. ウェルズは，辺の長さが整数のピタゴラスの 3 角形とフィボナッチ数とのあいだのおもしろい関係を紹介しています．つまり，連続する 4 個のフィボナッチ数，たとえば 1，2，3，5，を考えてその最初と最後の積 1×5＝5 と中央の 2 個の積の 2 倍（2×3）×2＝12を計算すると，答の 5 と 12 はピタゴラスの 3 角形の直角を挟む 2 辺になるというのです．斜辺はやはりフィボナッチ数の 13 です．しかも面積は最初に選んだ 4 数の積 1×2×3×5＝30 になります．フィボナッチ数の続く 4 項 a，b，c，d については，b と $\sqrt{a \times d}$ を短辺，c を斜辺とする直角 3 角形を作ってピタゴラスの定理を満たします．たとえば 2，3，5，8 でいうと $3^2+\{\sqrt{2\times 8}\}^2=3^2+4^2=5^2$ となります．またクラムパッカーはフィボナッチ数と 11 の関係に注目しています．連続する 10 個のフィボナッチ数の合計はかならず 11 で割りきることができ，しかもその答はその 10 個の中の 7 番目の数になるというのです．例えば 1，2，3 から始めて 89 までの 10 個を見ると，合計は 231 となり 11 で割ると 7 番目の数 21 となります．

?! 23

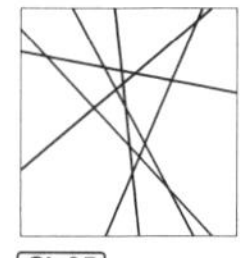

●22 は，図に示すように，たがいに交わっている 6 本の直線が平面を最大個数に分割する数です．また，22 に分割したものを 3，3，4，12 あるいは 2，5，5，10，あるいは 2，4，8，8 に小分けすると，小分けした数の逆数の和は，たとえば（1/3）＋（1/3）＋（1/4）＋（1/12）＝1 のようにすべて 1 になります．

?! 25

● n が 2 を超える場合，すべての素数は 4n±1 あるいは 6n±1 のかたちになります．したがって $(4n\pm1)^2$ と $(6n\pm1)^2$ を使えば答の謎は解けます．なお n＝2 の場合は 4n＋1＝9 となって素数にはなりません．

?! 26

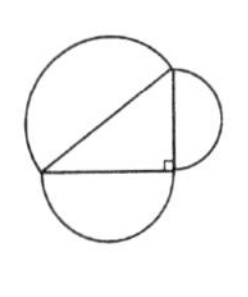

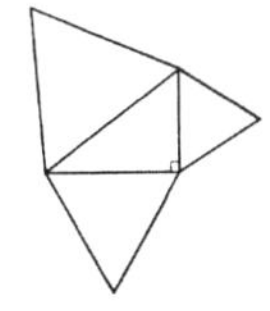

●正方形でなく半円や正 3 角形の面積で説明することもできます．

?! 30

●28＝4(1＋2×3)，27＝3(1＋2×4)，26＝2(1＋3×4)，25＝(1＋4)(2＋3)，24＝(2×4)(3×1)，23＝2×3×4−1，22＝2(3×4−1)，21＝3(2×4−1)，20＝(2＋3)(1×4)，19＝4(2＋3)−1，18＝(2＋4)(1×3)，17＝3(2＋4)−1，16＝4(2＋3−1)，15＝3(2＋4−1)，14＝(3＋4)(1×2)，13＝2(3＋4)−1，12＝2×4＋1＋3，

11＝1×2×4＋3，10＝1＋2＋3＋4，9＝(2＋3＋4)×1，8＝2＋3＋4－1，7＝(3＋4)×(2－1)，6＝1＋3＋4－2，5＝1×2×4－3，4＝3＋4－1－2，3＝(4＋2)×1－3，2＝1＋2＋3－4，1＝2×3－1－4.

?! 31

●ピラミッド数は3角数の立体版のようなかたちをしていて，3角数の中の55，91，208335の三つはピラミッド数にもなっています.

?! 33

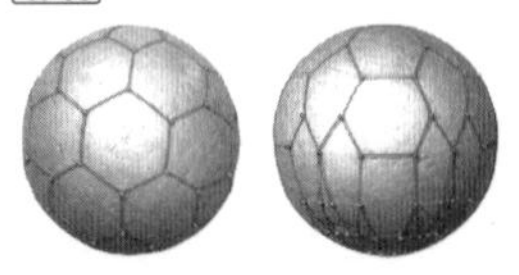
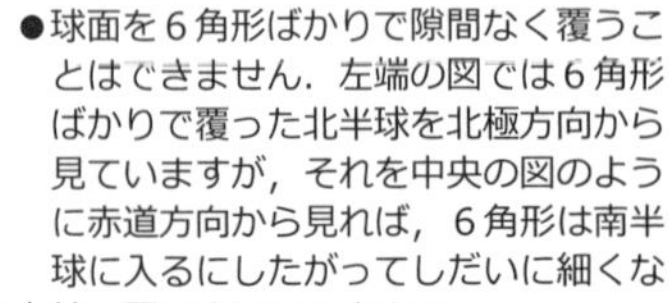

●球面を6角形ばかりで隙間なく覆うことはできません．左端の図では6角形ばかりで覆った北半球を北極方向から見ていますが，それを中央の図のように赤道方向から見れば，6角形は南半球に入るにしたがってしだいに細くなりながら数を増やすだけで，南極を覆うことは右端の図のようにできません.

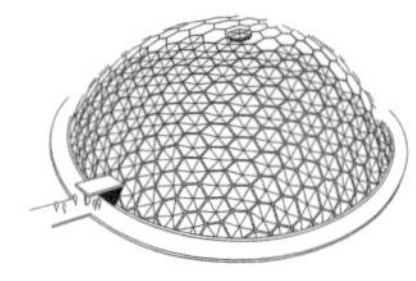

▲サッカーボールをはじめとする12枚の5角形といろいろな枚数の6角形でできる球面状の多面体はゴールドベルグの多面体といいます．バックミンスター・フラーは生前，このゴールドベルグの多面体を見せるドームを世界中で20万棟も建てました．その代表作の一つが左に示す直径115 mのアメリカのユニオン・タンカー社のドーム（1958年）です．頂上には正5角形があり，地面に接する五か所では正5角形の一部分が頭を出しています．あとはすべて6角形です．このドームが当時の日本の建築家の必携書だった日本建築学会編『建築設計資料集成』（第4巻，1965年）では右のような図で紹介されました．頂上はじめすべて6角形として描かれているようです.

?! 34

			1
		3	5
	7	9	11
13	15	17	19

●立方数については $1^3+5^3+3^3=153$ とか $3^3+7^3+1^3=371$ といったしゃれた式があります．$(37^3+13^3)/(37^3+24^3)=(37+13)/(37+24)$ というのもあります.
また図のように奇数を小さい順に3角形に並べた特別の3角数も知られています．上からn行目の合計は，$1=1^3$，$3+5=8=2^3$，$7+9+11=27=3^3$ などとなり，それらの総計は $1^3+2^3+3^3+4^3+\cdots+n^3=(1+2+3+4+\cdots+n)^2$ となります．また上からn行目の平均値は，1^2，$4=2^2$，$9=3^2$，$16=4^2$ などとなります．さらに最初からn個の奇数の和は，$1=1^2$，$1+3=2^2$，$1+3+5=3^2$ などとなります.

?! 35

25	18	51	82
81	52	15	28
12	21	88	55
58	85	22	11

●本文の図の四方陣が古典の傑作とすれば，コリン・スチュアートが紹介する左の図の四方陣は電卓文字が発明された現代の傑作かもしれません．10台の11，12，15，18，20台の21，22，25，28，50台の51，52，55，58，80台の81，82，85，88の16数字を並べたもので，鏡で左右に映しても上下に映しても定和は176です．中央の4マスも角の4マスも和は176になっています.

?! 36

●パスカルの3角形は $(a+b)^2=a^2+2ab+b^2$ や $(a+b)^3=a^3+3a^2b+3ab^2+b^3$ の右辺の係数の1，2，1や1，3，3，1，を配列していることで知られますが，そのほかにもいろいろな数列が見られます．たとえば，斜めに続く1，2，3，…はすべての自然数を見せます．1，3，6，…は2次元最密円配置，1，4，10，…は3次元最密球配置を見せます．1，3，6，…の隣り同士を加えると 4(＝1＋3)，9(＝3＋6)，16(＝6＋10)，…つまり 2^2，3^2，4^2，…となってピラミッド数となります．n 段目の合計は 2^{n-1} です．斜めに 1，1，1＋1，1＋2，1＋3＋1，…というように加えていくと 1，1，2，3，5，…となってフィボナッチ数列が現れます．さらに 1 以外のどの数でも，まわりを正 6 角形状に取り囲む六つの数を掛け合わすと平方数になります．この正 6 角形は 2 枚の正 3 角形が重なったかたちをしていて，それぞれの 3 角形の頂点になっている三つずつの数の積は等しいです．

?! 37

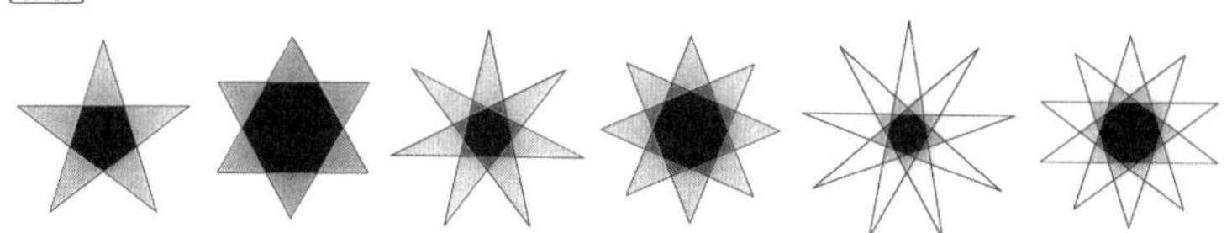

●{6/2} は 2 枚の正 3 角形に分かれます．このように何枚かの正多角形に分かれる星形は雪形正多角形といえるかもしれません．この雪形も加えると，星形と雪形は，図のように，正 5，6 角形からは 1 種類，正 7，8 角形からは 2 種類，正 9，10 角形からは 3 種類という風に増えていきます．

?! 38

●不規則素数というのはフェルマーの最終定理の証明に規則的には使えない素数のことで無限にあると考えられています．

▲ 1，7，19，37，61 個のうち 37 個だけは図のように雪形にも並びます．つまり 37 個は，正 6 角形にも雪形（複合）正 6 角形にも並べることができる最初の数です．37 の前では 13 個も雪形にできますが正 6 角形にはできません．37 の後では 1261 個が雪形にも正 6 角形にもできますが，1261＝13×97 で合成数です．

?! 39

●縦，横，斜めのどの行の数を加えても 38 になるように並べる六角方陣パズル．正解は左の図のみ．どの数字を動かしても右の図のように 38 にはならない行ができます．

?! 40

●偶数でよければ 10 も同じような性質を持っています．約数は 2 と 5 で，その間に一つだけ 3 という素数があり，2＋3＋5＝10 となります．

?! 43

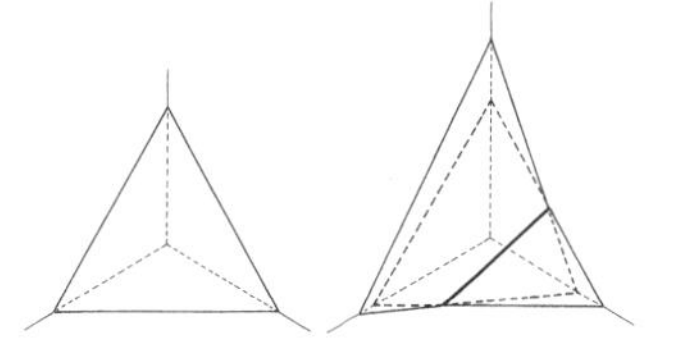

● 3 回切って最大の八つの部分に分けるには，たとえば，本文で説明されているように，直交 3 平面で切ります．いいかえると 3 回目の面は 2 回目の場合の交線に交わるように切ります．それに対して 4 回切って最大の部分に分けるには，左の図のように，4 回目の面が 3 回の場合のすべての交線に交わるように切ります．さらに 5 回切って最大の部分に分けるには，右の図のように，5 回目の面が 4 回の場合のすべての交線に交わるように切り

ます．あと同じように，6回切る場合は，5回切る場合のすべての交線10本に交わるように切ります．

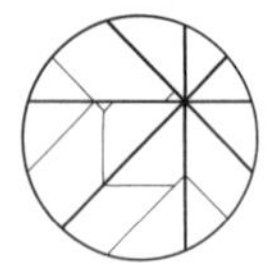
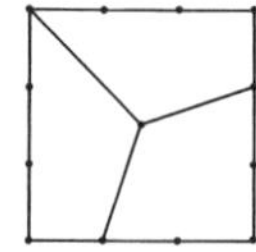

▲丸いピザを二人に平等に分ける方法をM. チャンバーランドは‘ピザの定理’と呼んでいます．つまり，左の図の太線のように，円の中の適当な1点を通ってたがいに45°をなす4直線に沿って切り，できた8個の部分を二人が交互に取るだけです．細線で分けた部分は等しくなっています．右の図はチョコレートで包まれた正方形のケーキの3等分の方法を平面図で示します．各辺を3等分し，その等分点と正方形の中心を図のように結びます．こうすれば上だけでなくまわりのチョコレートも3等分できます．

?! 44

● 6，9，20を足し合わせては得られない数は，実際に試してみると，1，2，3，4，5，7，8，10，11，13，14，16，17，19，22，23，25，28，31，34，37，43です．43を超えると63まではすべて作ることができます．そのうち44と45の作り方は本文の図に示されている通りです．得られた44から63までの数に20を加えれば64以後の数もすべて作ることができます．

?! 45

●ねじれ立方8面体の6枚の正方形の側面は，図のように立方体の側面に重なっていて，2枚ずつは互いに平行になっています．したがって，向かい合ったもの同士で三つの組を作っています．その3組の頂点の座標は次のようになります．

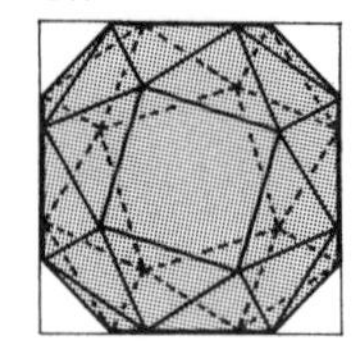

[(t, 1, 1/t)(t, −1/t, 1)(t, −1, −1/t)(t, 1/t, −1)]
[(−t, 1/t, 1)(−t, −1, 1/t)(−t, −1/t, −1)(−t, 1, −1/t)]

[(1/t, t, 1)(1, t, −1/t)(−1/t, t, −1)(−1, t, 1/t)]
[(1, −t, 1/t)(1/t, −t, −1)(−1, −t, −1/t)(−1/t, −t, 1)]

[(1, 1/t, t)(−/t, 1, t)(−1, −1/t, t)(1/t, −1, t)]
[(1/t, 1, −t)(−1, 1/t, −t)(−1/t, −1, −t)(1, −1/t, −t)]

?! 46

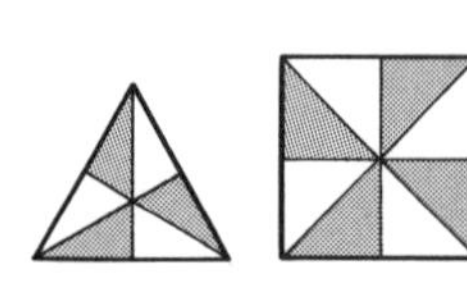
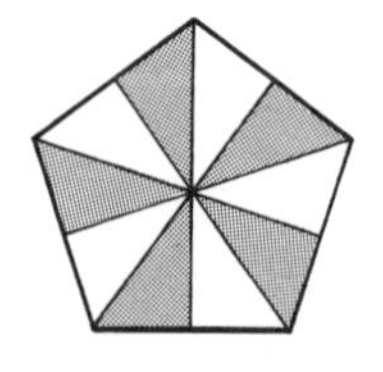

●コクセターの『正多胞体』によると，立方体に限らず正多面体の位数は次のように求めることもできます．つまり側面になっている正3角形，正方形，正5角形は，上の図のように辺の垂直2等分線でそれぞれ6枚，8枚，10枚の直角3角形に分割できますが，この直角3角形の合計数が位数となります．たがいに双対な場合は同じで，自分自身に双対な正4面体は4×6の24，立方体とそれに双対な正8面体は8×6の48，正12面体とそれに双対な正20面体は20×6あるいは12×10の120です．理由は簡単です．立方体でいえば，下の図のように，各直角3角形を底面，立方体の中心を頂点とする48個の合同な直角4面体を考えれば，回転と鏡映の対称操作によって，そのうちの一つがさまざまに動いて自分自身を含むすべての他の直角4面体に移るからです．

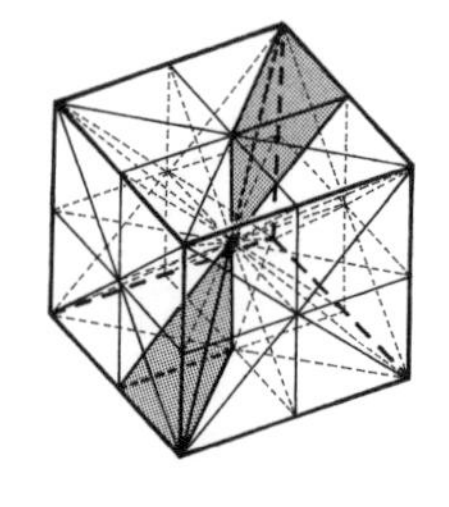

?! 47

● D・ニーダーマンによると，平方数の 49 を作る 4 と 9 のあいだに 48 を入れた 4489 という数は 67 の平方数になり，同じように 444889 は 667 の平方数になり，44448889 は 6667 の平方数になる，という風にどこまでも続きます．

?! 49

●57 で終わる素数は 100 までの 2 桁数にはないのに 1000 までの 3 桁の数には 157，257，457，557，757，857 の 6 個もあります．

?! 50

●人類は，約数が少なくて不便な 10 進法をなぜ使うのだろうか，という問の答として，両手に合わせて 10 本の指があるから，といわれることが多いです．それに対して，ではなぜ 12 進法や 60 進法を使うのかという問について，G・イフラーは，片手の人差し指から小指までの 4 本の指が，指の関節で三つに分かれて合わせて 12 を見せ，それともう一方の手の 5 本指と組合わせると 60 が得られるからではないか，という説を持っています．それならさらに足の指をくわえたり腕や足の関節で挟まれた部分を加えたりすると人体を使って相当ものすごい数が計算できます．

?! 53

●$70^2=4900=1^2+2^2+3^2+\cdots+24^2$ で，ピラミッド数の中の唯一の平方数になります．

?! 54

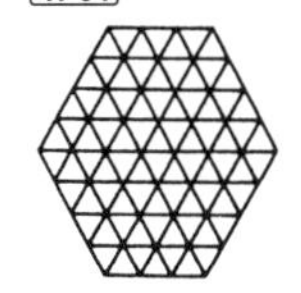

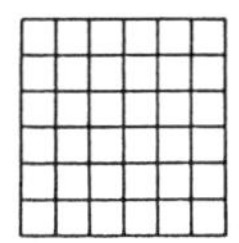

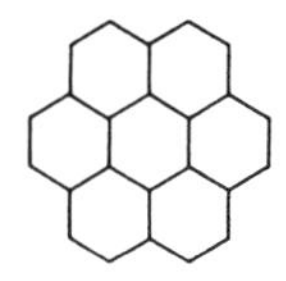

● 1 種類だけの正多角形による 3 種類のピタゴラスのタイル貼り．正タイル貼りともいわれます．左から正 3 角形，正方形，正 6 角形が各頂点まわりに同じ状態で集まりながら周期的に並んでいます．正 5 角形はありません．

▲2011 年に J. E. S. ソコラーと J. M. テイラーは正 6 角形から生まれるたった 1 種類だけの図のようなユニットで構成される非周期的タイル貼りを発表しました．このユニットはふつうの単純な多角形でなく 1 点だけでつながった腕を持っていて，その腕を絡み合わせながら平面を繰り返し模様がないように埋め尽くします．

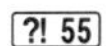

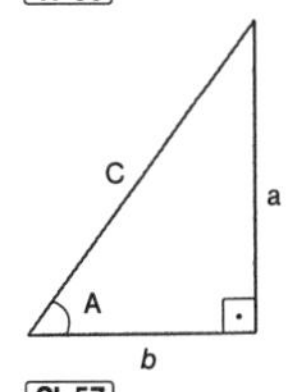

●図のような直角 3 角形について，次のような 3 角比が決められています．

正弦：$\sin A=a/c$，余弦：$\cos A=b/c$，正接：$\tan A=a/b$，
余接：$\cot A=b/a$，正割：$\sec A=c/b$，余割：$\mathrm{cosec}\, A=c/a$

?! 57

●水を蒸発させた後の求める重さを x kg とすると，その中には水のない純粋な 1 kg のジャガイモと，(0.98x) kg の水が含まれていますから $x=1+0.98x$ となり，これから $x=50$ が求まります．この問題はパーセントを使った詐欺にも使えます．たとえば元本保証で 1 万円を預金したとして，何年かのち，それに 99 万円の利子が付いて 100 万円になったとすると利子は全体の 99%になります．そのとき悪徳商人が，この利子が全体の 98%に減るだけの預金を使って自社の商品を買って欲しい，と言葉巧みにいったとすると，たいていの人は，99%の利子が 98%に減るだけだからと思って買っ

てしまいます．ところがじつは 50 万円払わされることになります．100 万円の 99% である 99 万円も，50 万円払ったあとに残る 50 万円の 98% である 49 万円も元本はまったく同じ 1 万円なのです．

?! 58

●自然数の平方数の個数を%で見ると，100 まででは 1^2 から 10^2 までの 10 個だけがありますから 10%，同じように数えて 1 万まででは 1%，100 万まででは 0.1 %あります．つまり自然数の数が多くなるにつれて急激に少なくなります．ところが実際はすべての自然数は 2 乗できますから，平方数は自然数と同じ数だけあるはずです．上の%に入らない平方数はどこに消えるのでしょうか．

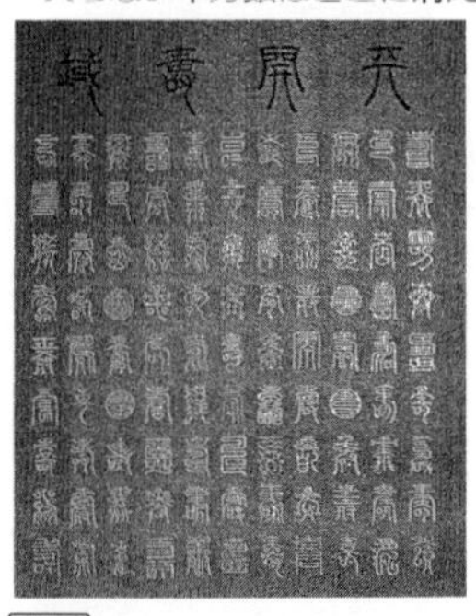

▲100 点や 100% という魅力的な数値に関係することもあって 100 はどこででも使われる数です．昔の日本でも百人一首，百鬼夜行，お百度参りなどが楽しまれてきたり，一つの文字の字体を 100 個集める趣味もありました．図は陽明文庫に伝わる‘天開壽域’という書を織物で複製したもので，‘壽’の文字が本文の 99 個と表題の 1 個を合わせて 100 種類の字体で書かれています．和算家などのあいだでは 1 から 9 までをその順で足したり引いたりして 100 にする小町算というパズルが楽しまれました．その答のうち最も長いものとして $1+2+3-4+5+6+78+9$，最も短いものとして $123-45-67+89$ が知られています．

?! 59

●101 の周辺の数は，$11^2=121=\sqrt{14641}$，$101^2=10201=\sqrt{104060401}$，$1001^2=1002001=\sqrt{1004006004001}$ という風に回文数のまま大きくなっていきます．また同じく逆数は，本文にもあるように，$1/11=0.0909\cdots$，$1/101=0.00990099\cdots$，$1/1001=0.000999000999\cdots$ という風に小さくなっていきます．

?! 63

●このような数の数え上げをブロカールの問題といい，次の 3 組だけが知られています．

（5 と 11 の組）　$5!=120=121-1=11^2-1$

（4 と 5 の組）　$4!=26=25-1=5^2-1$

（7 と 71 の組）　$7!=5040=5041-1=71^2-1$

▲4 面体数（3 角錐）状に並ぶ球もピラミッド数（4 角錐）状に並ぶ球も同じ最密球配置を見せます．

?! 64

●$144=(4\times9)\times4$ ですから，本場中国の 144 個の牌は，4×9 の区画を持った箱 4 箱にぴったり入ります．余分の花牌はゲームをおもしろくするためではなく，こうした幾何学上の整合性のためにあるのかもしれません．ところが花牌を使わない日本では，花牌の入る場所（図の右下の網掛け部分）が空洞になって整理できません．そのためそこに不要な牌を 8 個無理に作って入れて売っています．144 を守らないため苦労しているようです．

?! 65

●射影幾何学は，ルネサンス時代に発明された左端の図のような建築家向きの透視図法から生まれたといわれています．その場合，平行な直線は地平線上の１点で交わり平行線はなくなります．このような図を描くのが仕事だった 17 世紀初めの建築家デザルグは，中央の図のような点と線のあいだに成立するデザルグの定理に気が付きました．２枚の３角形 246 と 357 があるとして，二つずつ頂点を結ぶ３直線 32，54，76 が１点１で交わるとすると，相対する３組の辺（75 と 64，73 と 62，53 と 42）の延長線の交点 a，b，c は１直線上にある，という射影幾何学の基本的な定理のことです．この定理は右端の図のようにファノ平面でも成立しています．ただし３角形 357 は直線になり，その各頂点には abc が重なっています．また３角形 246 の１辺 26 は円弧です．

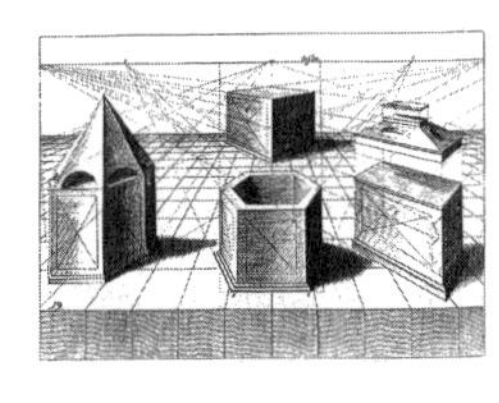

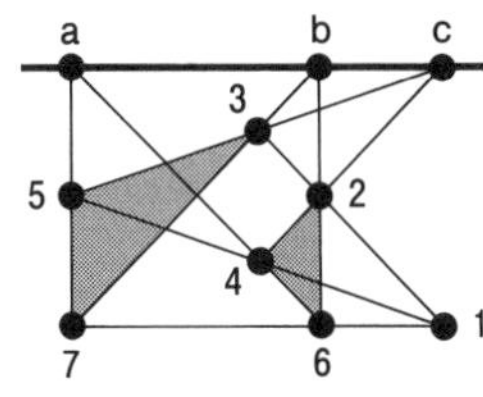

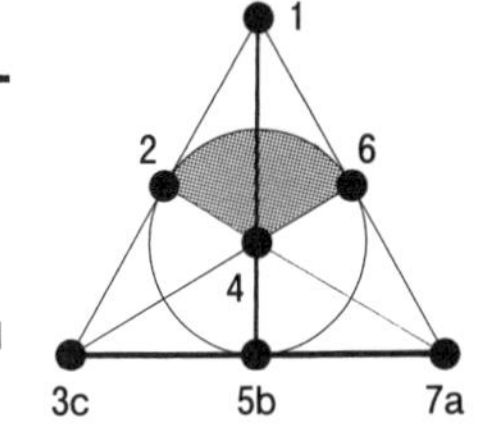

?! 70

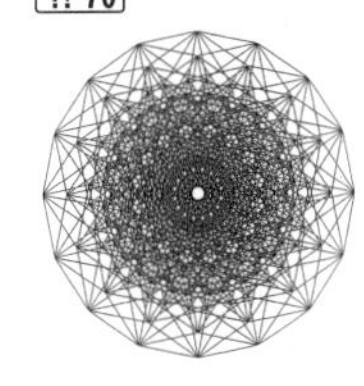

●2007 年，サーフィンのプロでサーファー物理学者ともいわれたギャレット・リージが，素粒子の世界は何もかも E_8 と呼ばれる 248 次元のリー群で説明することができるという「例外的に単純な万物の理論」を発表し評判になりました．その理論を説明するのが，1900 年，ソロルド・ゴセットが発表した 240 個の頂点を持った８次元のゴセットの多胞体です．この 240 個の頂点は 120 個の頂点を持つ４次元正 600 胞体（正 20 面体の４次元版）の２倍になっていると説明されています．参考までに左の図に８次元立方体，右の図に４次元正 600 胞体の投影を示します（CG：高田一郎）．

▲線分が端点を２本で１個ずつ合わせながら２次元平面上で連結した図形が多辺形，多辺形で切り取られた２次元平面部分が多角形，多角形が辺を２枚で１本ずつ合わせながら３次元空間内で連結した図形が多面体，多面体で切り取られた３次元空間部分が多面体状の胞，多面体状の胞が側面を２個で１枚ずつ合わせながら４次元空間で連結した図形が多胞体，その n 次元版が n 次元多胞体です．

?! 77

● ３次元人には４次元の正多胞体を直接見ることはできませんが，３次元に写した影なら図に描いたり模型を作ったりすることができます．図に示すのは 3D プリンターで作った正多胞体の透視図です．左から正５胞体（正４面体５個でできる４次元正４面体），正８胞体（立方体８個でできる４次元立方体），正 16 胞体（正４面体 16 個でできる４次元正８面体），正 24 胞体（相当する正多面体はありません）と，本文で説明する正 120 胞体（４次元正 12 面体）ならびに正 600 胞体（４次元正 20 面体）です．

▲ n 次元正多胞体の２次元平面上への直投影（CG：高田一郎）．図には５次元の場合を示

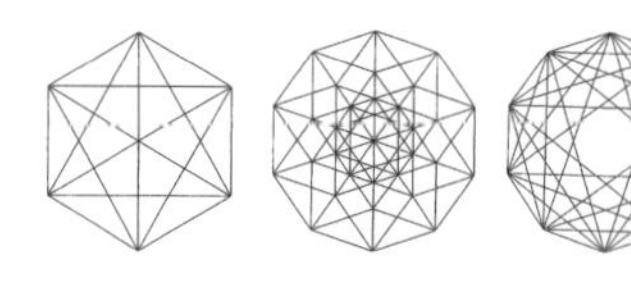

します．左端列は正 n+1 胞体（n 次元正 4 面体）で正 n+1 角形の中にすべての対角線を入れます．中央列は正 2n 胞体（n 次元立方体）で正 2n 角形の中に，その辺に平行な辺でできる菱形をすべて入れます．右端列は正 2^n 胞体（n 次元正 8 面体）で正 2n 角形の中に中心を通らない対角線をすべて入れます．

?! 78

● 3 辺が 693，1924，2045 の直角 3 角形の面積は 666666 です．また 666 の 2 乗は 443556 となりますが，この数字を真ん中で二つに割って 443＋556 を計算すると 666 を回転させた 999 となります．$6^2=36$，$66^2=4356$，さらには $6666^2=44435556$ など 6 を好きな数だけ並べ 2 乗して真ん中で二つに割って加えるといつも 9，99，9999 となります．日本の硬貨の種類は 1，5，10，50，100，500 円の合わせて 666 円となっています．日本の神社の代表的な家紋に左の図のような左巻きと右の図のような右巻きの三つ巴があります．京都の祇園界隈はなぜか左の左巻きで隅ずみまで飾られています．それを見たイスラエル人が，日本人は 666 がこれほど好きなのかと落胆しました．それを聞いた中国人がこれは中国では最高の 999 だと感嘆しました．

?! 82

●よく似た数の並びは掛け算表の 9 の欄にも見られます．

1×9＝09	10×9＝90
2×9＝18	9×9＝81
3×9＝27	8×9＝72
4×9＝36	7×9＝63
5×9＝45	6×9＝54

?! 86

● 1951 年にコンピュータで 79 桁の素数が見つかるまで，メルセンヌが見つけた 39 桁の $M_{127}=2^{127}-1=170,141,183,460,469,231,731,687,303,715,884,105,727$ は，手計算で見つかった最大の素数でした．2022 年時点では，コンピュータにより $2^{82589933}-1$ という約 2500 万桁のメルセンヌ素数が見つかっています．

?! 89

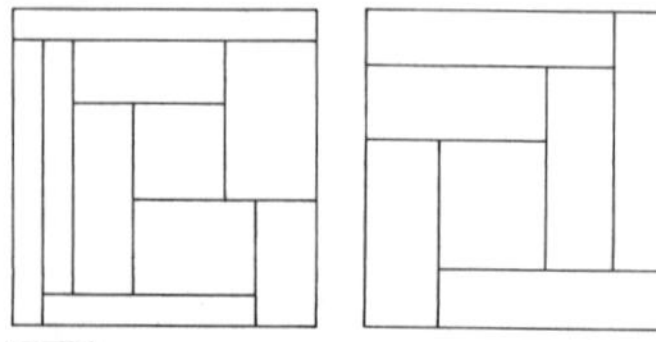

●正方形の数が同じ長方形や大きな正方形が含まれて得点が最小の 8 になるモンドリアンのアート・パズルの例を左に，正方形の数を面積に置き換えたブランシェの分割の例を右に示します．いずれも数値は省略．

?! 93

●D. ウェルズは『数の事典』の中で，3 個の数字だけを使って表される最大の数は 9^{99} であるといっていますが，テトレーションによると $^{99}9$ が最大となります．

?! 94

●正 100 角形まででコンパスと目盛りのない定規だけで作図できる正多角形は，3，4，5，6，8，10，12，15，16，17，20，24，30，32，34，40，48，51，60，64，68，80，85，96 角形の 24 個です．そのうち，フェルマー素数は 3 と 5 と 17 だけでこれらのうち正 3 角形と正 5 角形はユークリッドが『幾何学原論』の中で作図しています．正 17 角形はガウスが 1796 年に作図しました．

?! 97

●この数列を，1桁の数Aで始めると，A，1A，111A，311A，13211A，111312211A，…となり，2桁の数ABで始めると，AB，1A1B，111A111B，311A311B，13211A13211B，111312211A111312211B，…となります．どんな桁数の数から始めても同様です．つまり，AやBを消すと，1，111，311，13211，111312211，…の並ぶ数列が，AやBでできる数列を邪魔しないように現れます．

?! 98

●$142857^2=20408122449$ ですが，$20408+122449=142857$ となります．

?! 108

●パンデジタル数は素数にはなりませんが，1を少し加えるだけで 1234567891 とか 1234567891234567891234567891 といった素数になります．また，パンデジタル数を使うと $987654321-123456789=864197532$ とか $1/2=6729/13458$ あるいは $4/5=9876/12345$ といった計算ができることも知られています．1から9までに限らず9を超える数も1度ずつ使ってよいのなら，$1+2=3$，$4+5+6=7+8$，$9+10+11+12=13+14+15$，$16+17+18+19+20=21+22+23+24$ とどこまでも大きくなります．

?! 109

●現在までに分かっているフェルマー素数は $n=0$ から4までの 3，5，17，257，65537 だけです．この五つの数はコンパスと定規で作図できる正多角形の辺数を決めます．そのうち，100 角形を超えるものについては正 257 角形はポーカーが 1822 年に作図しました．残る 65537 角形についても，ヘルメスが，10 年かかった末，1894 年に図を完成させました?! 94．

?! 110

●だれでも知っている $3^2+4^2=5^2$ の3乗版は $3^3+4^3+5^3=6^3$ となります．4乗の場合の $95800^4+217519^4+414560^4=422481^4$ も見つけられています．以上はいずれも，n乗の場合は $(n-1)$ 個の数を加えますが，n個の数を加えるのなら，たとえば4乗の場合，最小の例としての $30^4+120^4+272^4+315^4=353^4$ など無数の例が知られているほか，5乗の場合の $19^5+43^5+46^5+47^5+67^5=72^5$，$21^5+23^5+37^5+79^5+84^5=94^5$，$7^5+43^5+57^5+80^5+100^5=107^5$ や，さらには7乗や8乗の場合も見つかっています．

?! 114

●チェスボードの上の小麦の数やハノイの塔の全仕事量と同じような巨大数の世界はトイレットペーパーで作ることもできます．つまりそれをちぎってまず半分に折り，それをまた半分に折る，ということを続けると，50 回目あたりで1億5千万キロメートルぐらいの厚さになって太陽まで届くほどになります．

?! 121

●$4843=29\times167$．

?! 124

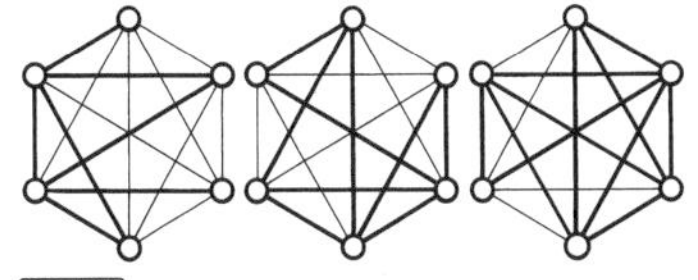

●3人の場合は，図のようなすべての対角線を入れた6角形の辺を自由に2色（図の場合は細線と太線）で塗り分けた場合，図のようにどうしても同色の3角形ができるため，6人いればよいことがわかります．

?! 125

●32,000 ドルといえば日本では 400 万円前後です．とするとほとんどの日本人は世界の大金持ちのトップ1％に入ることになります．

?! 131

● n を自然数とすると，$i^{4n}=1$，$i^{4n+1}=i$，$i^{4n+2}=-1$，$i^{4n+3}=-i$ となります．

?! 134

●たとえば 10 進法の 1/3（小数表示では $0.333\cdots=3/10+3/10^2+3/10^3\cdots$）を 5 進法で表す場合の小数表示は $0.abc\cdots=(a/5)+(b/5^2)+(c/5^3)+\cdots=1/3$ です．この両辺を 5 倍すれば $(a)+(b/5)+(c/5^2)+\cdots=5/3=1+2/3$ ですから $a=1$ となり，それを代入して 5 倍すれば $(b)+(c/5)+\cdots=10/3=3+1/3$ ですから $b=3$ となります．この計算を続けると 10 進法の 1/3 を 5 進法で表す場合の小数表示は 0.1313… となります．同じように計算すると，10 進法の 1/3 は，2 進法では 0.01010…，3 進法では 0.1，4 進法では 0.111…，5 進法では 0.1313…，6 進法では 0.2，7 進法では 0.222…，8 進法では 0.2525…，9 進法では 0.3 となります．3，6，9 進法以外は循環小数です．

?! 137

●次の表は，上段から，2 進数の 0 ～15，トゥエ・モース数列，10 進数の 0 ～15 です．

0	1	10	11	100	101	110	111	1000	1001	1010	1011	1100	1101	1110	1111
0	1	1	0	1	0	0	1	1	0	0	1	0	1	1	0
0	1	2	3	4	5	6	7	8	9	10	11	12	13	14	15

そのうちトゥエ・モース数列は，0 から始めて 0 を 01 に 1 を 10 に置き換えていっても得られます．つまり，0→01→0110→01101001→0110100110010110 となります．

?! 142

●司会者は当たりでないドアを教えてくれました．したがって残った二つのどちらかが当たりになりますが，そのうち一つは最初から当たりを予想しています．したがってドアを代えれば二つとも当たりと予想することになり，当たる確率は 2/3 となります．

?! 143

●38，40，42 グラムのレモンがある場合，平均は 40，分散は $\{(40-38)^2+(40-40)^2+(40-42)^2\}/3=8/3$ だから標準偏差 σ は $\sqrt{8/3}=1.633$ です．それに対してレモンが 37，40，43 グラムの場合の σ は 2.449 でばらつきが大きすぎ，また 39，40，41 の場合は 0.816 となって大きさが揃いすぎて入手しにくくなります．

?! 145

●$1-1+1-1+1-1+\cdots$ は，$(1-1)+(1-1)+(1-1)+\cdots$ として計算すると 0 になり，$1-(1-1)-(1-1)-(1-1)\cdots$ として計算すると 1 になると思われますが，数学者は 1/2 になるといいます．

?! 146

●円弧正 7 角形に見るイギリスの 50 ペンス硬貨．

?! 147

●モナコの古城の砲弾の積み方．

?! 148

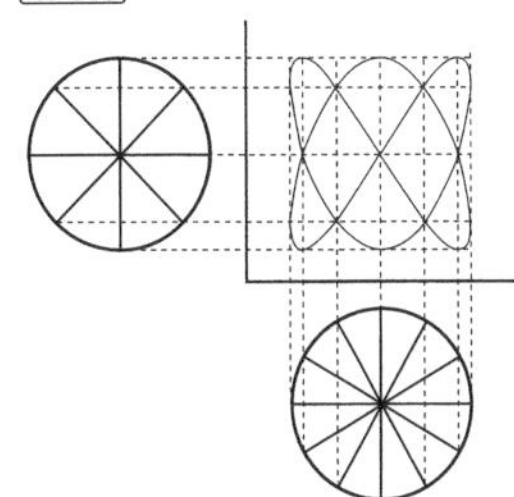

●異なる振動数の二つの単振動を合成して作図するリサジュー曲線.

?! 149

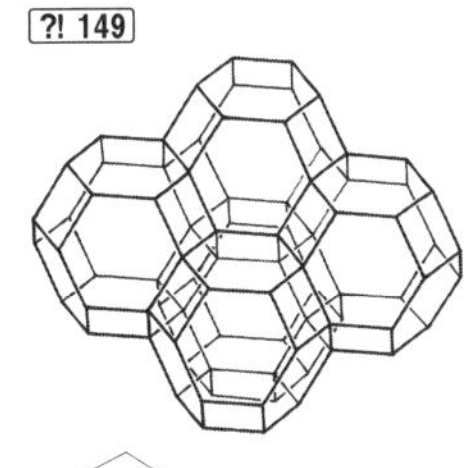

●切頂8面体（ケルビンの立体）によるブロック積み

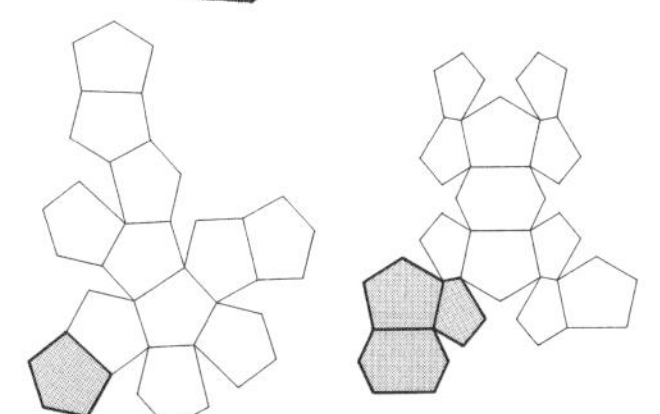

▲ウィアー－フェランの多面体の展開図．左は影を付けた1種類の5角形12枚でできる12面体，右は影を付けた2種類の5角形12枚と1種類の6角形2枚でできる14面体.

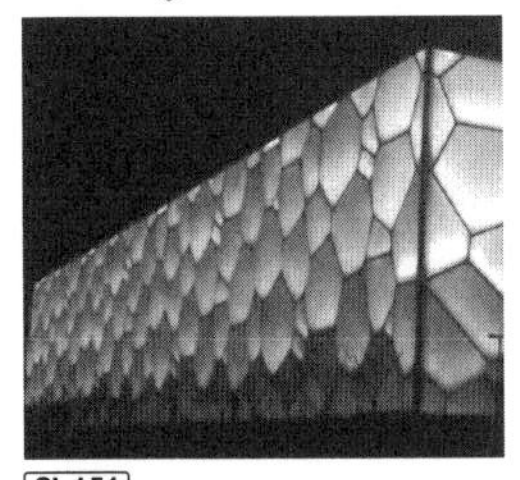

■北京オリンピックのときの水泳競技場‘水立方’.

?! 151

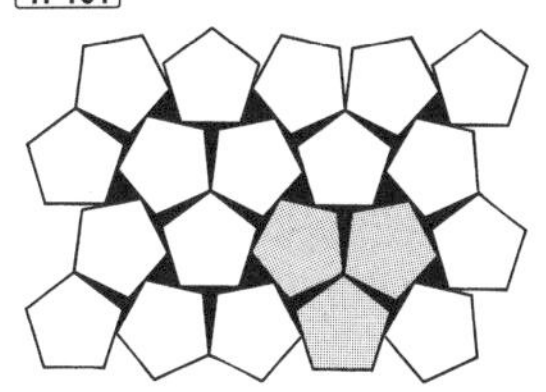

●正5角形の最密と思われる配置．原案提供：ティボール・タルナイ.

?! 153

● 図では白鍵が７個しか描かれていませんが，右にもう一つ加えて８個にすれば，１オクターブの完全８度が揃います．その場合，追加する８鍵目は前後の二つのオクターブに共有されます．

?! 155

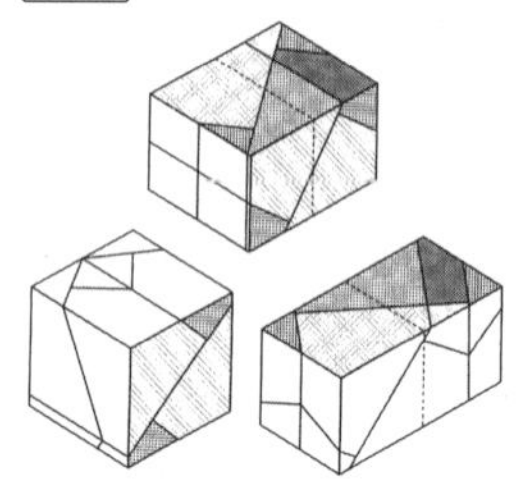

● ３稜の長さが $1:\sqrt[3]{2}:\sqrt[3]{4}$ となった直方体（白銀直方体）があるとして，それを上段の図のようにもっとも長い $\sqrt[3]{4}$ の稜の垂直２等分平面（点線で示した平面）で２等分すると，３稜がやはり $1:\sqrt[3]{2}:\sqrt[3]{4}$ となった白銀直方体が２個得られます．石井源久は，それを図のように分割し，各部品を蝶番で一続きにつないで連続的に動かして，下の図の左のように，全体を１個の大きな立方体に組み替えることができるようにしました．しかもこの立方体は，各部分をまた連続的に動かすと，下の右の図のような２個の小さな立方体がつながった直方体に組み替えることができます．つまり下の左の１個の大きな立方体の体積は右の直方体を作る２個の小さな立方体の体積と同じになります．

?! 156

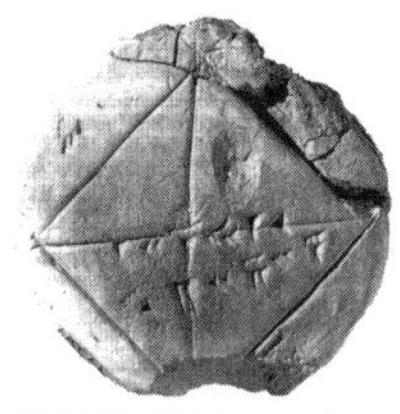

●図のような紀元前 2000 年ごろの古代バビロニアの粘土板によると，正方形の対角線の長さはピタゴラスよりまだもっと前に知られていたようです．２行に分かれた楔形文字は１辺が１のときの長さ 1414213 を示しています．

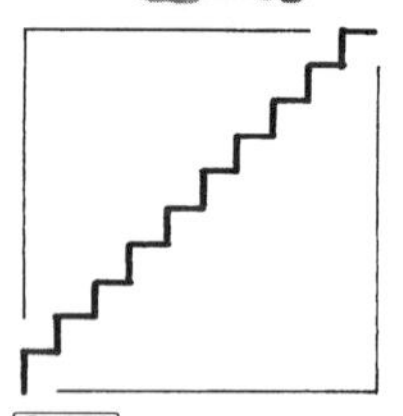

▲１辺Ａの正方形の対角線方向に，各段の水平と垂直の寸法が同じ階段を掛けるとすると水平距離と垂直距離の合計はそれぞれＡとなり，加えて２Ａとなります．それは各段の寸法を無限に小さくしても変わりません．とすると，１辺Ａの正方形の対角線の長さは $\sqrt{2}$A でなく 2A になります．どこがおかしいのでしょうか．

?! 159

●一般に，長さ ℓ の n 本の針を平行線の間隔 w の紙の上に投げたとき m か所で交差したとき，$2n\ell/mw=\pi$ となることが知られています．原文の場合は $\ell=w$ なので $n/m=\pi/2$ となっていますが，実際は平行線の間隔は自由です．

?! 160

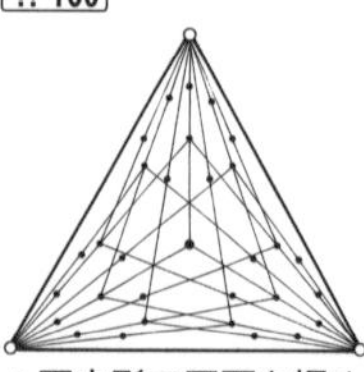

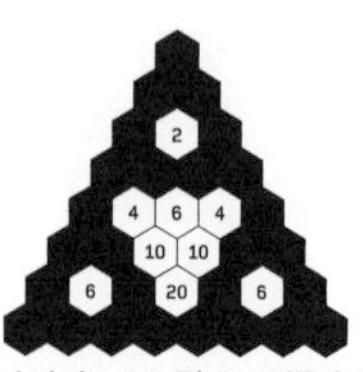

●左はカオスゲームの点の打ち方．大きな白丸は正３角形の３頂点，大きな黒丸は最初に打つ１点（図では正３角形の中心）．小さな黒丸は各線分の中心．右はパスカルの３角形の中の奇数を黒く塗りつぶして作ったシェルピンスキーの３角形．

▲正方形で平面を埋め尽くすタイル貼りの場合は $a=2$ で $b=4$ だから $2^2=4$ より $d=2$．つまり平面は２次元空間．立方体でふつうの空間を埋め尽くすブロック積みの場合は

$a=2$ で $b=8$ だから $2^3=8$ より $d=3$．つまりふつうの空間は3次元空間．

?! 161

● ϕ にはつぎのような性質があります．

$\phi^2=\phi^1+\phi^0=\phi+1$, $\phi^3=\phi^2+\phi^1=2\phi+1$, $\phi^4=\phi^3+\phi^2=3\phi+2$, $\phi^5=\phi^4+\phi^3=5\phi+3$, $\cdots$.

$\phi^1=\phi^0+\phi^{-1}$, $\phi^0=\phi^{-1}+\phi^{-2}$, $\phi^{-1}=\phi^{-2}+\phi^{-3}$, $\phi^{-2}=\phi^{-3}+\phi^{-4}$, $\phi^{-3}=\phi^{-4}+\phi^{-5}$, $\cdots$.

$\phi=\sqrt{1+\sqrt{1+\sqrt{1+\sqrt{\cdots}}}}=\sqrt{5+\sqrt{5}/(5-\sqrt{5})}$.

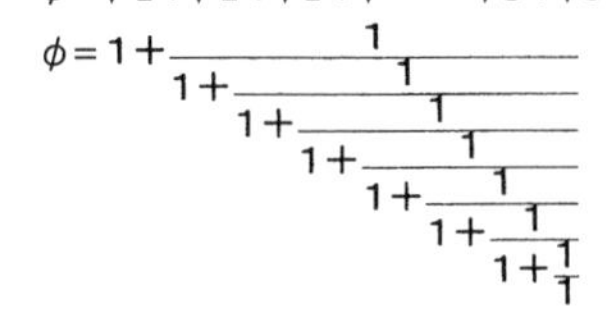

$$\phi=1+\cfrac{1}{1+\cfrac{1}{1+\cfrac{1}{1+\cfrac{1}{1+\cfrac{1}{1+\cfrac{1}{1+\cfrac{1}{1}}}}}}}$$

$\phi^{-1}=\sqrt{1-\sqrt{1-\sqrt{1-\sqrt{\cdots}}}}$.

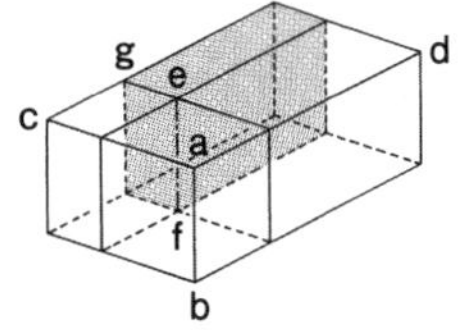

▲2辺の長さが $1:\phi$ になっている黄金長方形に対して，3稜 ab，ac，ad の長さが $1:\phi:\phi^2$ になっている図のような黄金直方体が考えられます．この直方体において片隅から立方体 abef を切り取ると，直方体 efgh の3稜 eg，ef，eh の長さの比は，元と同じく $1:\phi:\phi^2$ となります．

?! 164

	sin	cos
18度	$\frac{-1+\sqrt{5}}{4}$	$\frac{\sqrt{10+2\sqrt{5}}}{4}$
30度	$\frac{1}{2}$	$\frac{\sqrt{3}}{2}$
36度	$\frac{\sqrt{10-2\sqrt{5}}}{4}$	$\frac{1+\sqrt{5}}{4}$
45度	$\frac{\sqrt{2}}{2}$	$\frac{\sqrt{2}}{2}$
54度	$\frac{1+\sqrt{5}}{4}$	$\frac{\sqrt{10+2\sqrt{5}}}{4}$
60度	$\frac{\sqrt{3}}{2}$	$\frac{1}{2}$
72度	$\frac{\sqrt{10+2\sqrt{5}}}{4}$	$\frac{-1+\sqrt{5}}{4}$

● $\cos 30°=\sqrt{3}/2$ ですので，30° の計算にも $\sqrt{3}$ は現れます．また，三角関数の加法定理，$\sin(\alpha\pm\beta)=\sin\alpha\cdot\cos\beta\pm\cos\alpha\cdot\sin\beta$ と $\cos(\alpha\pm\beta)=\cos\alpha\cdot\cos\beta\mp\sin\alpha\sin\beta$ から表の sin と cos を手掛かりにして $\sqrt{3}$ を探すことができます．さらに，6° と 42° にも $\sqrt{3}$ が現れることがわかります．

?! 167

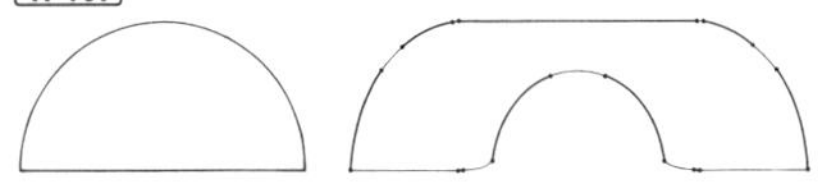

●左は単純な半円形のソファ．右はジャーバーが見つけたソファ（18個の直線または曲線の部分でできています）．

?! 168

●一般的に金属比は $x^2-px-q=0$ の根 $(p+\sqrt{p^2+4q})/2$ で決められます．この式で $p=q=1$ の場合は前前数に前数を加えていく黄金比，$p=2$，$q=1$ の場合は前前数に前数の２倍を加えていく白銀比，p＝3，q＝1 の場合は前前数に前数の３倍を加えていく青銅（ブロンズ）比，同じようにp＝1，q＝2 の場合は銅（カッパー）比，p＝1，q＝3 の場合はニッケル比と呼ぶことがあります．

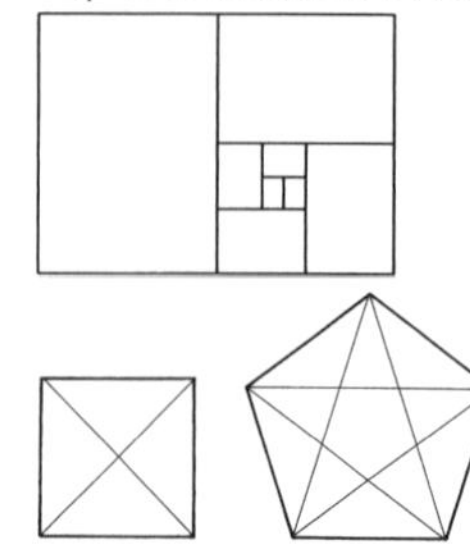

▲日本では伝統的に $1:1+\sqrt{2}$ ではなく $1:\sqrt{2}$ が好まれています．それで $1:\sqrt{2}$ を和風白銀比とか大和比と呼ぶことがあります．A判とB判で決められる用紙の２辺は $1:\sqrt{2}$ になっていて，上の図のように長い辺を折半して面積を半分にしてもこの比は変わりません．また下の図のように $1:\sqrt{2}$ の和風白銀比は正方形の，また 1：1.618 の黄金比は正５角形の，それぞれ辺と１種類しかない対角線の比となっています．正６角形以上の場合は対角線の長さが２種類以上になって比は一つには決まりません．

?! 169

● $\sqrt{2^{\sqrt{2}}}=(2^{\sqrt{2}})^{1/2}=(2^{1/2})^{\sqrt{2}}=(\sqrt{2})^{\sqrt{2}}$．マーク・チャンバーランドは $\sqrt{2}^{\sqrt{2}^{\sqrt{2}\cdots}}=2$ という公式を紹介しています．

?! 170

● e は次のようにも計算されます．

数列の極限：$(1\ 1/2)^2$，$(1\ 1/3)^3$，$(1\ 1/4)^4$，$(1\ 1/5)^5$，…，

$$\text{連分数：} e=2+\cfrac{1}{1+\cfrac{1}{2+\cfrac{2}{3+\cfrac{3}{4+\cdots}}}}$$

?! 172

● π を求める計算式には次のようなものが知られています．

$$\pi/2=(2\times2)(4\times4)(6\times6)(8\times8)\cdots/(1\times3)(3\times5)(5\times7)(7\times9)\cdots$$

$$\pi/2=1+(1/3)\{(1/2)\}+(1/5)\{(1\times3)/(2\times4)\}$$
$$+(1/7)\{(1\times3\times5)/(2\times4\times6)\}+\cdots$$

$$\pi/4=1/1-1/3+1/5-1/7+1/9-\cdots$$

$$4/\pi=1+\cfrac{1^2}{2+\cfrac{3^2}{2+\cfrac{5^2}{2+\cfrac{7^2}{2+\cdots}}}}$$

▲ 16 世紀中ごろのオランダの数学者ルドルフ・ファン・コーヘンは小数点以下 35 桁を出しました．そのため円周率をルドルフ数ということがあります．それから 500 年後の 2020 年には小数点以下 50 兆桁まで出されています．

?! 175

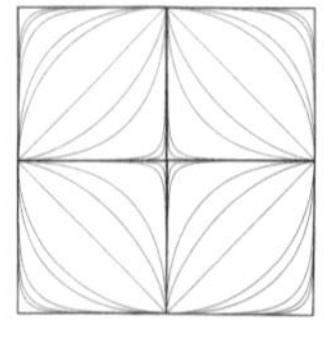

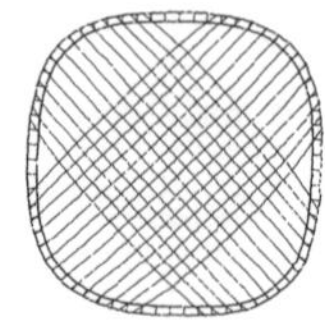

●四角円というのは，20 世紀中ごろデンマークの建築家ピート・ハインが発明したスーパー楕円 $x^{5/2}+y^{5/2}=1$ の指数を４に置き換えたものです．左の図のように，指数が２の場合は円，１の場合は斜めになった正方形（菱形），2/3 の場合は星形のアステロイド，1/2 の場合は放物線で囲まれた星形となります．指数をどこまでも大きくしていくと正方形に近づき，小さくしていくと直交２直線

に近づきます．このスーパー楕円は方程式を変えながらいろいろなところに使われています．右の図は方程式が $(x/90.3)^{2.9}+(y/90.3)^{2.9}=1$ となった東京ドームの平面図です．

?! 178

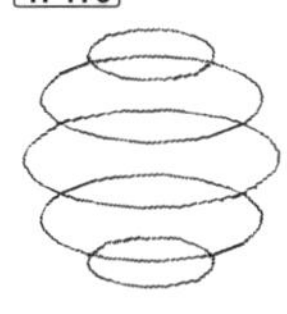

●高次元の球の３次元空間への投影図なら，方程式を利用して，図のように作図できます．左から，２次元の円が積み重なる３次元球，３次元球が積み重なる４次元超球，４次元超球が積み重なる５次元超球です．

▲半径１のｎ次元超球の体積と表面積は下表のようになっていて，体積は５次元が最大，表面積は７次元が最大です．ただし同じｎ次元の図形でも，体積を求める場合はｎ次元の広がりを持ち，表面積を求める場合は（n－1）次元の広がりを持つと考えます．

n	1	2	3	4	5	6	7	8	9
体積	2	π	$4\pi/3$	$\pi^2/2$	$8\pi^2/15$	$\pi^3/6$	$16\pi^3/105$	$\pi^4/24$	$32\pi^4/945$
約	2	3.14	4.19	4.93	5.26	5.17	4.72	4.05	3.29
面積	2	2π	4π	$2\pi^2$	$8\pi^2/3$	π^3	$16\pi^3/15$	$\pi^4/3$	$32\pi^4/105$
約	2	6.28	12.56	19.72	26.29	30.96	33.02	32.40	29.63

?! 181

● ３角形の各辺や面積を整数にする問題も考えられています．たとえば３辺が 3，4，5 のピタゴラスの３角形の面積は周長の半分の６，３辺が 5，12，13 の面積は周長と同じ 30 となります．

▲６の場合は 3，4，５で，７の場合は 35/12，24/5，337/60 です．

?! 182

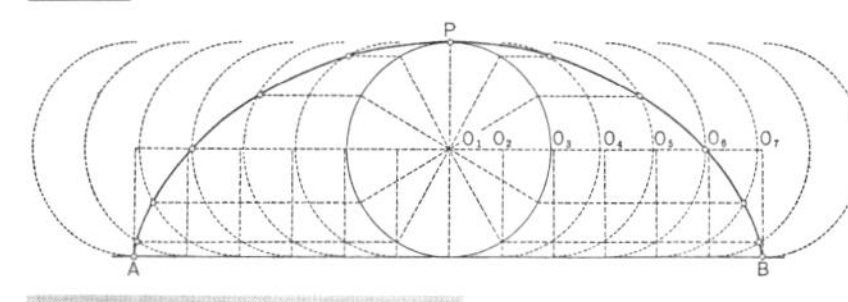

●直線 AB 上を転がる車輪の外周上の１点 P が描くサイクロイド APB．

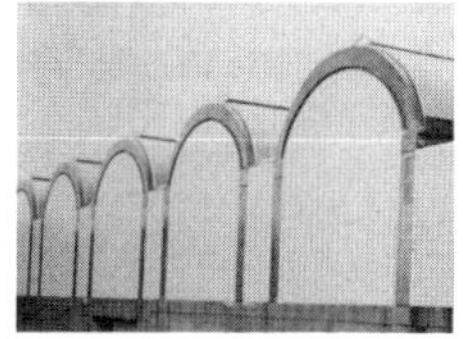
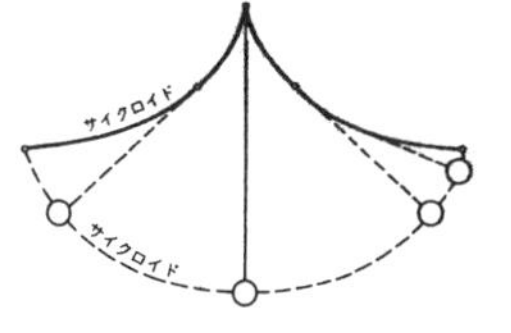

▲左はサイクロイドを並べた屋根を持つアメリカのキンベル美術館（1972 年）．右は振り子とサイクロイドの関係．

?! 184

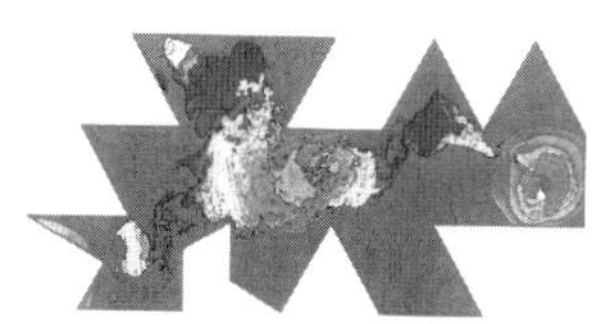

●バックミンスター・フラーの正 20 面体状地球儀（左）とその表面の展開図としての「ダイマクション・マップ」（右）．面積の歪みは非常に小さいです．

?! 187

- 調和級数とは各項の逆数が等差数列，$1/a$，$1/(a+d)$，$1/(a+2d)$，$1/(a+3d)$，…，になっている数列の和をいいます．したがって $a=d=1$ のときの $1/1+1/2+1/3+\cdots$ や $a=d=2$ のときの $1/2+1/4+1/6+\cdots$ は調和級数ですが，$1/2+1/4+1/8+\cdots$ はそうではなく等比級数です．

▲しだいに伸びるひも AB があるとして，その上を 1 匹のアリが A から B に向かって歩くとすると，T 分後の A からアリまで距離は cm 単位で $(1/1+1/2+1/3+\cdots+1/T)(T+1)$ です．それに対して T 分後のひもの長さは $100(T+1)$ ですから，アリが B にたどり着けるのは $(1/1+1/2+1/3+\cdots+1/T)(T+1)$ が $100(T+1)$ になったとき，つまり無限に伸びる $(1/1+1/2+1/3+\cdots+1/T)$ が途中で 100 になったときです．それを計算すると T は $10^{43.43}$ 分，つまり 10^{37} 年となります．これを‘ゴムひもの上の虫の問題’といいます．

?! 188

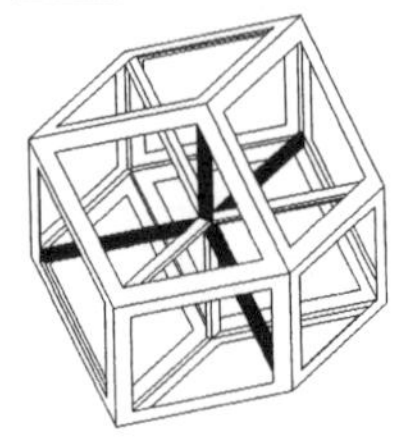

- ミツバチの巣の底は，図に見られるように，正 4 面体を内接する菱形 12 面体の一部分になっていて 4 面体角を見せます．このことに気づいた 18 世紀のイタリアの天文学者マラルディにちなんで 4 面体角のことをマラルディの角ともいいます．菱形 12 面体は 4 次元立方体の 3 次元空間への投影にもなっていて，4 面体角を作る黒く塗った 4 本の稜線は 4 次元の直交 4 座標軸を見せます． 3 次元のあらゆるかたちは 4 次元のかたちの影になっているという考え方の根拠の一つです．

?! 190

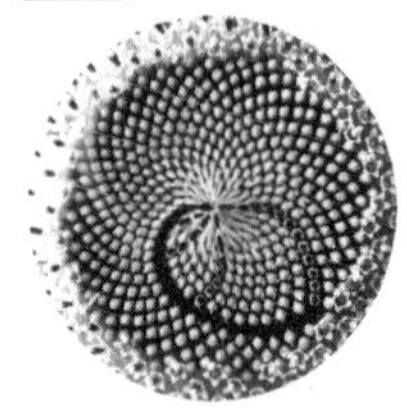

- ひまわりの種の配列に見るフィボナッチ数列．黒く塗った種のうち 4 種類は，中心から時計まわりに 3，5，8，13 個並んで大きくなり，それらの先端部分は中心から反時計まわりに 5，8，13，21 個目に来ます．

?! 191

- リーマンのゼータ関数 $1/1^s+1/2^s+1/3^s+1/4^s+1/5^s+\cdots$ で $s=1$ は∞，それ以外は‘解析接続’という操作で拡張すると，$s=-1$ のときは $-1/12$，s が負の偶数のときはいつも 0 となります?! 186．

?! 194

- $i^1=i$，$i^2=-1$，$i^3=-i$，$i^4=1$.

?! 196

- $i^2=j^2=k^2=-1$，$ij=k$，$jk=i$，$ki=j$，$ji=-k$，$kj=-i$，$ik=-j$.

用語解説

i（imaginary unit） 虚数単位の$\sqrt{-1}$のこと.

アラビア数字（Arabic numeral） 1, 2, 3, 4, 5, …, で表される数字.

アルキメデスの立体（Archimedean solids） 半正多面体のこと.

e（base of natural logarithm） e＝2.718. eのy乗をxとするとき, yはeが底となった真数xの自然対数といい, $y=\log_e x$あるいは$\ln(x)$と書きます.

因数（factor, divisor） zがxとyの積で表されているとき, xとyをzの因数といいます. 除数あるいは約数のことです. xとyは式で与えられることもあります.

因数分解（factorization） zがxとyの積で表されているとき, zをxとyの積に分解することを因数分解といい, とくに素数の積に分解するときは素因数分解といいます. 数式の場合はたとえば$x^2-1=(x+1)(x-1)$となります.

n次元空間（n-dimensional space） n本の座標軸で決められてn方向に広がる空間. 点は0次元, 直線は1次元, 平面は2次元, 日常の空間は3次元の空間.

n次方程式（equation of n-degree） 最大n乗の未知数を持つ代数方程式.

n乗（n-power） 一つの数rをn回掛け合わすこと. r^nで表し, nを累乗あるいはベキといいます. とくにnが2の場合は平方, 3の場合は立方ということがあります.

n乗根（n-root） r^nになっている数xについて, rをxのn乗根あるいはnベキ根といい$\sqrt[n]{x}$で表します. とくにnが2の場合は平方根, 3の場合は立方根ということがあります.

n進法（base-n positional number system） 基数を0からn−1までのn個の数（n進数）とする位取り記数法. ふつう0から9までの10個の10進数による10進法を使います. その場合, 各数は10倍ごとに1桁ずつ繰り上げます. それに対してコンピュータの世界では0と1の2個の2進数による2進法が使われます. その場合, 各数は2倍ごとに1桁ずつ繰り上げます.

エマーピメス（emirpimes） 英名を左右逆にするとsemiprime（半素数）となります. つまり左右逆にしても半素数になる半素数. 26はその例.

エマープ（emirp） 英名を左右逆にするとprime（素数）となります. つまり左右逆にしても素数になる素数. 157はその例.

円周率（circle ratio） 円周と直径の長さの比約3.14159. πのこと.

円配置（circle arrangement） 平面上で, 同じ半径の円を1個のまわりに少なくとも3個が接するように並べること. そのうちすべての円に6個が接する場合はもっとも多くの円が並ぶため最密円配置といいます.

オイラーの公式（Euler's formula） 自然対数の底e, 虚数単位i, 円周率πのあいだに成立する$e^{i\pi}+1=0$. オイラーが発見.

オイラーの多面体公式（Euler's theorem） 凸多面体の頂点, 稜線, 側面の個数v, e, fのあいだに成立する$v-e+f=2$. オイラーが発見. デカルトも同じ式に気が付いていたという説もあります.

黄金比（golden ratio） 正5角形の1辺と対角線の長さの比. 約1 : 1.618.

1.618 という数だけを黄金比ということもあります．

階乗（factorial） 1 から n までのすべての自然数の 1 個ずつの積を n の階乗といって，n! で表します．たとえば 3!＝1×2×3＝6 です．

外角（exterior angle） 凸多角形の頂点における内角と 180° の差のこと．

回文数（palindromic number） 12321 のように前から数えてもうしろから数えても同じになる数．素数の場合は回文素数といいます．

過剰数（abundant number） 1 を含めて自分自身を含めない約数の総和が自分自身より大きい自然数．たとえば 12 は，除数 1，2，3，4，6 の総和 16 の方が大きいから過剰数．

壁紙模様（wall paper pattern） 平面を埋め尽くす周期的模様．

加法単位元（additive identity） どんな数に加えてもその数を変えない数としての 0 のこと．

完全数（perfect number） 1 を含めて自分自身を含めない約数の総和が自分自身と同じ自然数．たとえば 6 は 1＋2＋3 だから完全数．

基数（base） 位取り記数法の n 進法においてあらかじめ与えられる n 種類の数（n 進数）．10 進法の場合は 0 ～ 9，2 進法の場合は 0 と 1．

キス数（kissing number） 2 次元のキス数は最密円配置の各円の接触数 6，3 次元のキス数は最密球配置の各球の接触数 12 のこと．

逆数（reciprocal） xy＝1 のとき，x は y の，y は x の逆数といわれて，$x=1/y=y^{-1}$，$y=1/x=x^{-1}$ と表します．

級数（series） 一つの数列のすべての項の和．

球配置（sphere arrangement） 3 次元空間内で，同じ半径の球を 1 個のまわりに少なくとも 4 個が接するように並べること．そのうちすべての球に 12 個が接する場合はもっとも多くの球が並ぶため最密球配置といいます．

虚数（imaginary number） 負数の平方根．単位は i．すべての虚数は有理数 ×i と書くことができます．たとえば $\sqrt{-4}=2i$.

組合わせ（combination） n 個の異なるものの中から順番を決めずに r 個を取り出すすべての方法を n 個から r 個取り出す組合わせといい，階乗を！で表すと $n!/\{r!(n-r)!\}$ の種類があります．

位取り記数法（positional system） いくつかの数を，位（桁）の大きいものから順に左から右に向かって並べて数を表す方法．

計量数（cardinal number） 集められた事物の数や量を，たとえば 1 個，2 個，3 個と数える数．

桁（place） 一つの数字について，順番の付いた場所．たとえば 123 という数字があれば，1 は 3 桁目の数，2 は 2 桁目の数，3 は 1 桁目の数．

位（place） 一つの数字について，名前の付いた場所．たとえば 123 という数字があれば，1 は百の位の数，2 は十の位の数，3 は一の位の数．

合成数（composite） 1 以外の 2 個の自然数の積になっている自然数．10 は 2×5 になっている合成数．

合同変換（congruent） 2 点間の距離つまり大きさを変えない変換．

互換（transposition） 1 を 2 に置き換え 2 を 1 に置き換えるような 2 次の巡回置換．

3 角関数（trigonometric function） sin，cos，tan といった直角 3 角形の辺と角のあいだの関係を基礎とする計算法．3 角法ともいいます．

3 角数（triangular number） 1 段目 1 個，2 段目 2 個，3 段目 3 個というように正 3 角形状に積まれた数の和．n 段目までの合計は $n(n+1)/2$ となります．

指数（exponent） 数を n 乗する場合の n のこと．累乗数．

指数階乗（exponential factorial） n から 1 までのすべての自然数の累乗を n の指数階乗といい n$ で表します．計算はうしろからします．たとえば，3$ は $3^{2^1}=3^2=9$ です．

指数関数（exponential function） 指数を使った関数．たとえば $y=a^x$ は a を底とする x の指数関数．

指数表記（exponential notation） 指数による数の表記．たとえば 43,000,000 を指数表記すれば 4.3×10^7 となります．この場合，小数点以下の桁数が右に向かって 7 個あることを意味します．とくに $a^0=1$，$a^{-n}=1/a^n$，$a^{1/n}=\sqrt[n]{a}$ です．

自然数（natural number） 0 を除く 1 以上の正の整数．

自然対数（natural logarithm） 対数参照．

10 進法（decimal） n 進法参照．

射影空間（projective space） どの 2 直線も 1 点で交わり，どの 2 点も 1 直線を決める，平行線のない空間．

周期的（periodic） 平行移動によって一定の部分が他の部分に繰り返し重なっていく性質．

巡回数（cyclic number） たとえば 1234，2341，3412，4123，1234 というように巡回する数．

巡回置換（cyclic permutation） $a_1\to a_2$，$a_2\to a_3$，…，$a_{s-1}\to a_s$，$a_s\to a_1$ と置き換えて他を変えない置換を s 次の巡回置換といい（$a_1a_2a_3\cdots a_s$）と書きます．たとえば，1 を 3 に，3 を 2 に，2 を 1 に置き換えるとすると，(12345…n) は（31245…n）となります．

循環小数（recurring decimal） ある桁からうしろで同じ数の列が無限に繰り返される小数．

準正多面体（quasiregular polyhedron） 多面体参照．

順列（permutation） n 個のものから r 個取って異なる順番で一列に並べるすべての並べ方を n 個から r 個取る順列といい，$n(n-1)(n-2)\cdots(n-r+1)$ 種類あります．

乗法単位元（multicative identity） どんな数に掛けてもその数を変えない数としての 1 のこと．

数直線（number line） さまざまな実数，たとえば自然数，整数，有理数，無理数，超越数を並べた直線．

数列（sequence） 一定の間隔で並べた数の列．間隔が加算で決められる等差数列，乗算で決められる等比数列，各項の逆数が作る数列が等差数列となる調和数列などがあります．

整数（integer） 自然数と 0 と自然数に負記号を付けた数．

正タイル貼り（regular tessellation） ピタゴラスのタイル貼りのこと．

正多角形（regular polygon）　辺長がすべて等しく内角もすべて等しい凸多角形.

正多胞体（regular polytope）　1 種類だけの正多面体状胞が各頂点まわりに同じ数ずつ集まる多胞体．6 種類あります.

正多面体（regular polyhedron）　1 種類だけの正多面体が各頂点まわりに同じ状態で集まる凸多面体．プラトンの立体のこと．全部で 5 種類あります.

双対（dual）　多角形では頂点と辺，多面体では頂点と側面，をたがいに入れ替えた多角形ならびに多面体.

素数（prime）　1 と自分自身の 2 個だけの約数（因数）をもつ自然数．訳数を 1 個しか持たない 1 と無限個持つ 0 は素数ではありません.

大円（great circle）　球面上の最短距離を決める円．球の中心を通る平面による球面上の最大の断面.

対称性（symmetry）　2 個の図形を適当に動かして他方に重ねることができる場合，それぞれをたがいに対称といいます．平行移動による平行対称性，回転による回転対称性，鏡映による鏡映対称性，平行移動と鏡映の組合わせによる平行鏡映対称性などがあります.

対数（logarithm）　x と y の間に $x=a^y$ の関係があるとき，y を a が底となった x の対数といい，$y=\log_a x$ で表します．とくに底が 10 の場合は常用対数，底が e の場合は自然対数といいます.

代数的数（algebraic number）　代数方程式の解になる数.

代数方程式（algebraic equation）　初等的には有限個の有理数と文字を＋，－，×，÷と√で結びつけた多変数の方程式．変数が m 種類あってそのうち最大が n 乗の場合は m 元 n 次方程式といいます.

タイル貼り（tessellation）　すべての辺を一致させながら重なり部分も隙間もなく平面を埋め尽くす図形.

互いに素（relatively prime）　1 以外には両方ともを割り切る数がない二つの自然数．素数同士はいつもたがいに素.

多角形（polygon）　多辺形で切り取られた 2 次元の平面の部分．頂点と辺で構成されます．そのうち辺だけを指す場合は多辺形といいます.

多項式（polynomial equation）　x^2，ax，bcd のように数といくつかの文字の積だけの式を単項式といい，$x^2-ax-bcd$ のようにいくつかの単項式でできた代数式を多項式といいます.

多胞体（polytope）　4 次元空間で多面体状の胞が側面を共有し合いながら連結した 4 次元の図形つまり 4 次元の多面体．n 次元の場合は n 次元多胞体.

多面体（polyhedron）　4 枚以上の多角形が 2 枚で 1 本ずつの辺を合わせながら連結する立体．頂点，稜線，側面で構成されます．そのうち各頂点に集まる側面の内角の合計がすべて 360° 未満のものが凸多面体で，中でも 1 種類だけの正多角形が各頂点まわりに同じ状態で集まるものが正多面体，2 種類以上の正多角形が各頂点まわりに同じ状態で集まるものが半正多面体，各稜のまわりも同じ状態になっている半正多面体が準正多面体.

置換（permutation）　123…n を並べ替えることを n 次の置換といい，これにはすべてで $n!$ の方法があります．たとえば 123 のすべての置換には 123，132，213，231，312，321 の 6 種類があります．そのうち，123，231，312 はそれぞれ2回の置換になっているため偶置換，132，213，321はそれぞれ1回の置換になっているため奇置換といいます．

超越数（transcendental）　代数方程式の解にはなっていない数．たとえば円周率 π は超越数ですが $\sqrt{2}$ は $x^2-2=0$ の解だから超越数ではありません．ほとんどすべての複素数は超越数ですが，$i=\sqrt{-1}$ は $x^2+1=0$ の解だから超越数ではありません．

超階乗数（hyperfactorial）　1^1 から n^n までのすべての数の積．108は $1^1\times2^2\times3^3$ だから超階乗数．

超完全数（superperfect number）　1と自分自身を加えた約数の合計について，その合計の約数の合計が元の約数の2倍となる数．

テトレーション（tetration）　累乗を累乗する計算法．

凸図形（convex figure）　すべての直線と2点で交わる多角形や多面体を凸図形といいます．

トポロジー（topology）　点や線や面の配置やたがいの相互関係を調べる数学．大きさや長さは考えません．

内角（interior angle）　多角形の頂点の内部にある角．正方形の場合は90°．

2進法（binary）　n進法参照．

π（circle ratio）　円周率のこと．

ハミルトン線（Hamiltonian path）　点と線でできたグラフについてすべての頂点を1度ずつ通る線．

半完全数（semiperfect number）　自分自身を除く約数の一部分の合計が自分自身に等しくなる数．

半正多面体（semiregular polyhedron）　2種類以上の正多角形が各頂点まわりに同じ状態で集まる凸多面体．アルキメデスの立体のこと．全部で13種類あります．

半素数（semiprime）　約数が素数になった合成数．

パンデジタル合計（pandigital sum）　1から9までの数がちょうど1個ずつ加わった合計．

パンデジタル数（pandigital number）　1から9までの数がちょうど1個ずつ加わった数．

反復関数（iterated function）　xを繰り返して使って一つの数列を導くための関数．たとえば $x=x^2+c$ は $x\leftarrow x^2+c$ のように x^2+c をxに代入していって数列を導く反復関数．

反復数（repdigit）　11とか999のように同じ数字だけが繰り返して並べられている数字．

比（ratio）　2個の数を対比させる数．a : bとかa/bで表します．

非周期的（non-periodic）　平行移動によっては繰り返して重なることのない性質．回転や鏡映で重なることは許されます．

ピタゴラスのタイル貼り（Pythagorean tessellation）　1種類のみの多角形によるタイル貼り．正3角形，正方形，正6角形のみによる3種類があります．

ピタゴラスの定理（Pythagoras'theorem）　一つの直角3角形において，直角を挟む2辺の長さをa，b，斜辺の長さをcとするときの式 $a^2+b^2=c^2$．

標準偏差（standard deviation）　ある数値が平均値から離れている度合い．

ピラミッド数（pyramidal number）　$1^2+2^2+3^2+4^2$ というように２乗で４角錐状のピラミッド形に増えていく自然数の和．

フィボナッチ数（Fibonacci number）　フィボナッチ数列を作る数．そのうちとくに素数をフィボナッチ素数といいます．

フィボナッチ数列（Fibonacci sequence）　0，1，1，2，3，5，8，13，…と続く，０から始まって前２項の和を次の項とする数列．

フェルマー素数（Fermat prime）　$2^{2^n}+1$ のかたちの素数．

複素数（complex number）　実数と虚数の和．a と b を実数とした場合，a＋bi で表わされます．

複素平面（complex plane）　実数が目盛られた水平座標軸と虚数が目盛られた垂直座標軸で決められる平面．

フラクタル（fractal）　部分と全体が絶えず相似になる性質．自己相似ともいいます．

フラクタル次元（fractal dimension）　辺の長さを 1/a にするとき面積や体積が b になるというフラクタル現象を見せる図形の次元 d は，$a^d=b$ より $d=\log(b)/\log(a)$ となります．

プラトンの立体（Platonic solids）　正多面体のこと．

ブロック積み（blockade）　すべての側面を一致させながら重なり部分も隙間もなく空間を埋め尽くす立体図形．

平方数（square number）　同じ自然数を２回掛け合わせた数．

胞（cell）　３次元空間の多面体状の部分．

補角（supplement）　合計が 360° となる二つの角．

結び目（knot）　空間の中でからんだ１本のヒモのからみ目のこと．たがいに移し替えることのできないからみ目はたがいに素といいます．

無理数（irrational number）　a と b を整数としたとき，分数の a/b では表せない数．代数的数の $\sqrt{2}$ とか超越数の π は無理数の例．

メルセンヌ素数（Mersenne prime）　2^n-1 のかたちの素数．

有理数（rational number）　a と b（≠0）を整数としたとき分数の a/b で表わすことのできる数．

４面体数（tetrahedral number）　３角数を４面体状に積み上げた３角錐状に並ぶ数の和．

ラジアン（radian）　角の大きさを測る単位．円の半径に等しい長さの円弧を張る中心角が１ラジアン．180°＝π ラジアン．

立体角（solid angle）　多面体において，一つの頂点に集まる側面が囲む部分．

立方数（cube number）　同じ自然数を３回掛け合わせた数．

累乗（power）　同じ数を２回以上掛け合わすこと．掛け合わす回数を指数といいます．

ローマ数字（Roman numeral）　Ⅰ，Ⅱ，Ⅲ，Ⅳ，Ⅴ，…，で表される数字．

訳者あとがき

本書は Julia Collins の『Numbers in Minutes』（2019）の全訳です．タイトルからわかるように，原著は，小学生向きのやさしい 1，2，3 といった自然数や整数から大学生向きのむずかしい超越数や虚数までの千差万別の数のうち 200 個について，1 個当たり，和文にして 600 字前後の文と大きな図 1 枚だけを見開き 2 頁に入れて，中学生や高校生なら数分でわかるように説明しようとしています．そのため本訳書のタイトルは『見て楽しむ 数のふしぎショートストーリー 200』としました．

このような絵本を作るには，文字や図の分量とか大きさとか並べ方について，数で決められる枠組みを考え，その中で話を進めるのが便利です．原著でも，選ぶ数の個数とそれぞれの数に割り当てられる字数や頁数をはっきり決めています．本のかたちにもこだわっていて 1 頁は 1 辺 12.5 cm の正方形になっています．その頁のかたちを本訳書では 2 辺が $1:\sqrt{2}$ の白銀長方形に置き換え，原著では 2 頁に分かれている各数の説明を 1 頁の中に収めました．

こうした枠組みの中で話を進めるため，どんなにすばらしい数でもその中に入らなければ省かれ，どんなに詳しい説明が必要でも決められた頁に入らなければ簡略化されています．その場合の物足りなさについて，原著者はウィキペディアなどのウェッブページで補って欲しいと考えているようです．それで検索に役立つように，本訳書では巻末の用語解説と人名一覧に英語名を添えておきました．

いずれにしろ，原著では，選ばれた数が，身近な家庭生活や社会問題に関係させられながらおもしろおかしく，ときには推理小説風のどんでん返しを付けて，簡潔明瞭に説明されます．ただし，ふつうの数を超える超越数とか虚数，あるいは宇宙の大きさなどものともしない巨大数，といった完全な理解がむずかしい数が現れることもあります．そのような個所については，数のパズルに詳しい情報科学者の石井源久氏と数学者の川勝健二氏に詳細にわたってチェックしていただきました．そのほか部分的には物理学者の日野雅之氏のご意見をいただきました．また訳注に添えた図については多面体の CG に詳しい上記の石井氏のほか工学者の出原理氏のご協力をいただいています．それらを総括して本書の編集と出版の努力を惜しまれなかったのは丸善出版企画・編集第二部長の小林秀一郎氏です．関係していただいた各位に深甚の謝意を表します．

2022 年 10 月　　　　宮 崎 興 二

訳者参考文献

原著に参考文献欄はありません．それに代えて，原著の内容から判断して原著者が参考にしたと思われる娯楽数字関係の数多くの単行本のうち，過去 30 年ぐらいの間に和訳が出されているもの 10 冊だけ，という枠組みに入るものを挙げます．

François Le Lionnais “Les Nombres Remarquables” Hermann, 1983
　滝沢清訳『何だ，この数は？』東京図書，1989
David Wells “The Penguin Dictionary of Curious and Interesting Numbers” Penguin Books, 1986
　芦ヶ原伸之，滝沢清訳『数の事典』東京図書，1987
John H. Conway, Richard K. Guy “The Book of Numbers” Springer, 1996
　根上生也訳『数の本』丸善出版，2012
Tobias Dantzig “Number” Macmillan, 2005
　水谷淳訳『数は科学の言葉』日経 BP，2007
Bunny Crumpacker “Perfect Figures” St.Martin’s Press, 2007
　斎藤隆央，寺町朋子訳『数のはなし』東洋書林，2008
Peter Bentley “The Book of Numbers” Octpus Publishing, 2008
　日暮雅通訳『数の宇宙』悠書館，2009
Derrick Niederman “Number Freak” Penguin Books, 2009
　榛葉豊訳『数字マニアック』化学同人，2014
Marcus de Sautoy “The Number of Mysteries” Greene & Heaton, 2010
　冨永星訳『数字の国のミステリー』新潮社，2012
Marc Chamberland “Single Digits in Praise of Small Numbers” Princeton U. P., 2015
　川辺治之訳『ひとけたの数に魅せられて』岩波書店，2016
Colin Stuart “Math in 100 Numbers” Quid Publishing, 2016
　竹内淳監訳，赤池ともえ訳『数学が好きになる数の物語 100 話』ニュートンプレス，2020

索　引

【人名】

図版クレジット

All illustrative work by Dave Jones
Creative commons licenses:
https://creativecommons.org/licenses

?! 5 Cmglee/Wikimedia [CC BY 3.0]; ?! 12 Gemenacom/Shutterstock; ?! 13 Robertwb/Wikimedia [CC BY 3.0]; ?! 14 Tilman Piesk/Wikimedia [CC BY 3.0]; ?! 16 Tomruen/Wikimedia [CC BY 4.0]; ?! 17, ?! 77 Tomruen/Wikimedia [CC BY 3.0] image created using Robert Webb's Stella software: http://www.software3d.com/Stella.php; ?! 21 Bryan Derksen/Wikimedia [CC BY 3.0], from an original by Neuromancer2K4; ?! 35 Lifestyle pictures/Alamy Stock Photo; ?! 41 gazanfer/Shutterstock; ?! 42 Grontesca/Wikimedia [CC BY 3.0]; ?! 45 Cyp/Wikimedia [CC BY 3.0]; ?! 49 Konrad Jacobs, Erlangen, © by MFO/Original uploader was AEDP at it. wikipedia [CC BY 2.0] Germany; ?! 50 Josell7/Wikimedia [CC BY 4.0]; ?! 54 Przemek Majewski/Wikimedia [CC BY 3.0]; ?! 58 Dmcq/Wikimedia [CC BY 3.0]; ?! 59 Claudio Rocchini/Wikimedia [CC BY 3.0]; ?! 64 Vicki Vale/Shutterstock; ?! 70 Jgmoxness/Wikimedia [CC BY 3.0]; ?! 75 Kmhkmh/Wikimedia [CC BY 3.0]; ?! 91 Sanit Fuangnakhon/Shutterstock; ?! 99 NASA/JPL; ?! 107 http://www.gregegan.net/SCIENCE/Superpermutations/7_5907_CharlieVane.txt; ?! 113 McGeddon/Wikimedia [CC BY 4.0]; ?! 117 Drschawrz/Wikimedia [CC BY 3.0]; Granger/Shutterstock; ?! 135 László Németh/Wikimedia [CC BY 1.0]; ?! 143 M. W. Toews/Wikimedia [CC BY 2.5]; ?! 144 Wxs/Wikimedia [CC BY 3.0]; ?! 147 vita pakhai/Shutterstock; ?! 151 Toby Hudson/Wikimedia [CC BY 3.0]; ?! 160 ThomasLENNE/Shutterstock; ?! 163, ?! 190 Wolfgang Beyer/Wikimedia [CC BY 3.0]; Claudio Rocchini/Wikimedia [CC BY 3.0]; ?! 171 Mopic/Shutterstock; ?! 174 Sam Derbyshire/Wikimedia [CC BY 3.0]; ?! 175 Frosty Bytes/Wikimedia [CC BY 2.5]; ?! 178 Geek3/Wikimedia [CC BY 3.0]; ?! 183 dramaj/Shutterstock; ?! 184 Stefan Kühn/Wikimedia [CC BY 3.0]; ?! 193 Granger/Shutterstock; ?! 196 Cone83/Wikimedia [CC BY 4.0]; ?! 199 Granger/Shutterstock.

訳者
宮崎興二（みやざき・こうじ）
京都大学名誉教授
専門：図形科学，建築形態学
著書：『多角形百科』（細矢治夫と共編），『多面体百科』
『4次元図形百科』など多数

見て楽しむ
数のふしぎショートストーリー200

令和4年11月30日　発　行

訳　者　宮　崎　興　二

発行者　池　田　和　博

発行所　丸善出版株式会社
〒101-0051 東京都千代田区神田神保町二丁目17番
編集：電話(03)3512-3264／FAX(03)3512-3272
営業：電話(03)3512-3256／FAX(03)3512-3270
https://www.maruzen-publishing.co.jp

組版印刷・創栄図書印刷株式会社／製本・株式会社 松岳社

ISBN 978-4-621-30752-6　C 0041　　Printed in Japan